梁晓声

作家、教授

中国生存启示录

梁晓声 著

北京大学出版社
PEKING UNIVERSITY PRESS

图书在版编目(CIP)数据

中国生存启示录/梁晓声著.—北京：北京大学出版社，2014.1
ISBN 978-7-301-23636-9

Ⅰ.①中… Ⅱ.①梁… Ⅲ.①人生哲学-通俗读物 Ⅳ.①B821-49

中国版本图书馆 CIP 数据核字(2013)第 310183 号

书　　　名：中国生存启示录
著作责任者：梁晓声　著
策 划 编 辑：王炜烨
责 任 编 辑：王炜烨
标 准 书 号：ISBN 978-7-301-23636-9/G・3767
出 版 发 行：北京大学出版社
地　　　址：北京市海淀区成府路 205 号　100871
网　　　址：http://www.pup.cn
新 浪 微 博：@北京大学出版社
电 子 信 箱：zpup@pup.pku.edu.cn
电　　　话：邮购部 62752015　发行部 62750672　编辑部 62750673
　　　　　　出版部 62754962
印　刷　者：北京大学印刷厂
经　销　者：新华书店
　　　　　　965 毫米×1300 毫米　16 开本　18 印张　209 千字
　　　　　　2014 年 1 月第 1 版　2015 年 1 月第 6 次印刷
定　　　价：39.00 元

目 录

第一部分　共同的底线

第二部分　个人的素养

第三部分　人文的力量

第一部分

共同的底线

人生和它的意义

如果一个人只从纯粹自我一方面的感受去追求所谓人生的意义，并且以为唯有这样才会获得最多最大的意义，那么他或她到头来一定所得极少。

确实，我曾多次被问到——“人生有什么意义？”往往，“人生”之后还要加上“究竟”二字。

迄今为止，世上出版过许许多多解答许许多多问题的书籍，证明一直有许许多多的人思考着许许多多的问题。依我想来，在同样许许多多的“世界之最”中，“人生有什么意义”这一个问题，肯定是人的头脑中所产生的最古老、最难以简要回答明白的一个问题吧？而如此这般的一个问题，又简直可以算得上是一个“哥德巴赫猜想”或“相对论”一类的经典问题吧？

动物只有感觉，而人有感受。

动物只有思维，而人有思想。

动物的思维只局限于“现在时”，而人的思想往往由“现在时”推测向“将来时”。

我想，“人生有什么意义”这一个问题，从本质上说，是从“现在时”出发对“将来时”的一种叩问，是对自身命运的一种叩问。世界上只有人关心自身的命运问题。“命运”一词，意味着将来怎样，它绝不是一个仅仅反映“现在时”的词。

“人生有什么意义”这一个问题既与人的思想活动有关，那么我们一查人类的思想史便会发现，原来人类早在几千年以前就希望自我解答“人生有什么意义”的问题了。古今中外，解答可谓千般百种，形形色色。似乎关于这一问题，早已无需再问，也早已无需再答了。可许许多多活在“现在时”的人却还是要一问再问，仿佛根本不曾被问过，也根本不曾有谁解答过。

确实，我回答过这一问题。

每次的回答都不尽相同，每次的回答自己都不满意；有时听了的人似乎还挺满意，但是我十分清楚，最迟第二天他们又会不满意。

因为我自己也时常困惑，时常迷惘，时常怀疑，并时常觉出着自己人生的索然。

我想，“人生有什么意义”这一个问题，最初肯定源于人的头脑中的恐惧意识。人一次又一次许多次地目睹从植物到动物甚而到无生命之物的由生到灭由坚到损由盛到衰由有到无，于是心生出惆怅；人一次又一次许多次地眼见同类种种的死亡情形和与亲爱之人的生离死别，于是心生出生命无常人生苦短的感伤以及对死的本能恐惧——于是“人生有什么意义”的沮丧油然产生。在古代，这体现于一种对于生命脆弱性的恐惧。“老汉活到六十八，好比路旁草一棵；过了今年秋八月，不知来年活不活。”从前，“人活七十古来稀”，旧戏唱本中老生们类似的念白，最能道出人的无奈之感。而古希腊的哲学家们，亦有认为人生“不过是场梦幻，生命不过是一茎芦苇”的悲观思想。

然而现代了的人类，已有较强的能力掌控生命的天然寿数了，并已有较高的理性接受生死之规律了。现代了的人类却仍往往会叩问“人生的意义”何在，归根结底还是缘自于一种恐惧。这是不同于古人的一种恐惧。这是对所谓“人生质量”尝试过最初的追求而又屡遭挫折，于是竟以为终生无法实现的一种恐惧。这是几乎就要屈服于所谓“厄运”的摆布而打算听天由命时的一种恐惧。这种恐惧之中包含着理由难以获得公认而又程度很大的抱怨。是的，事情往往是这样，当谁长期不能摆脱“人生有什么意义”的纠缠时，谁也就往往真的会屈服于所谓“厄运”的摆布了，也就往往会真的听天由命了，也就往往会对人生持消极到了极点的态度。而那种情况之下，人生在谁那儿，也就往往会由“有什么意义”的疑惑，快速变成了“没有意义”的结论。

对于马，民间有种经验是——“立则好医，卧则难救”。那意思是指——马连睡觉都习惯于站着，只要它自己不放弃生存的本能意识，它总是会忍受着病痛之身顽强地站立着不肯卧倒下去；而它一旦竟病得卧倒了，证明它确实已病得不轻，也同时证明它本身生存的本能意识已被病痛大大地削弱了。而没有它本身生存本能意识的配合，良医良药也是难以治得好它的病的。所以兽医和马的主人，见马病得卧倒了，治好它的信心往往大受影响。他们要做的第一件事，又往往是用布托、绳索、带子兜住马腹，将马吊得站立起来，如同武打片中吊起那些飞檐走壁的演员们那一种做法。为什么呢？给马以信心。使马明白，它还没病到根本站立不住的地步。靠了那一种做法，真的会使马明白什么吧？我相信是能的。因为我下乡时多次亲眼看到，病马一旦靠了那一种做法站立着了，它的双眼竟往往会一下子晶亮了起来。它往往会咴咴嘶叫起来。听来那确乎有些激动的意味，有些又开始自信了的意味。

一般而言，儿童和少年不太会问"人生有什么意义"的话，他们倒是很相信人生总归是有些意义的，专等他们长大了去体会。厄运反而不容易一下子将他们从心理上压垮。因为父母和一切爱他们的人，往往会在他们不完全知情时，就默默替他们分担和承受了。老年人也不太会问"人生有什么意义"的话。问谁呢？对晚辈怎么问得出口呢？哪怕忍辱负重了一生，老年人也不太会问谁那么一句话。信佛的，只偶尔独自一个人在内心里默默地问佛。并不希冀解答，仅仅是委屈和抱怨的一种倾诉而已。他们相信即使那么问了，佛品出了抱怨的意味，也是不会责怪他们的。反而，会理解于他们，体恤于他们。中年人是每每会问"人生有什么意义"的。相互问一句，或自说自话问自己一句。相互问时，回答显得多余。一切都似乎不言自明，于是相互获得某种心理的支持和安慰。自说自话问自己时，其实自己是完全知道着一种意义的。

上有老下有小的人生，对于大多数中年人都是有压力的人生。那压力常常使他们对人生的意义保持格外的清醒。人生的意义在他们那儿是有着另一种解释的——责任。

是的，责任即意义。是的，责任几乎成了大多数是寻常百姓的中年人之人生的最大意义。对上一辈的责任、对儿女的责任、对家庭的责任，总而言之，是子女又为子女，是父母又为父母，是兄弟姐妹又为兄弟姐妹的林林总总的责任和义务，使他们必得对单位对职业也具有铭记在心的责任和义务。

在岗位和职业竞争空前激烈的今天，后一种责任和义务，是尽到前几种责任和义务的保障。这一点不需任何人提醒和教诲，中年人一向明白得很、清楚得很。中年人问或者仅仅在内心里寻思“人生有什么意义”时，事实上往往等于是在重温他们的责任课程，而不是真的有所怀疑。人只有到了中年时，才恍然大悟，原来从小盼着快快长大好好地追求和体会一番的人生的意义，除了种种的责任和义务，留给自己的，即纯粹属于自己的另外的人生的意义，实在是并不太多了。他们老了以后，甚至会继续以所尽之责任和义务尽得究竟怎样，来掂量自己的人生意义。“究竟”二字，在他们那儿，也另有标准和尺度。中年人，尤其是寻常百姓的中年人，尤其是中国之寻常百姓的中年人，其“人生的意义”，至今，如此而已，凡此而已。

“人生有什么意义”这一句话，在某些青年那儿，特别在是独生子女的小青年们那儿问出口时，含意与大多数是他们父母的中年人是根本不相同的。其含意往往是——如果我不能这样，如果我不能那样，如果我实际的人生并不像我希望的那样，如果我希望的生活并不能服务于我的人生，如果我不快乐，如果我不满足，如果我爱的人却不爱我，如果爱我的人又爱上了别人，如果我奋斗了却以失败告终，如果我大大地付出了竟没有获得丰厚的回报，如果我忍辱负重了一番却仍竹篮打水一场空，如果……如果……那么人生对于我究竟还有什么意义？

他们哪里知道啊，对于他们的已是中年人的父母，尤其是寻常百姓的中年人的父母，他们往往即是父母之人生的首要的、最大的、有时几乎是全部的意义。他们若是这样的，他们是父母之人生的意义；他们若是那样的，他们是父母之人生的意义；换言之，不论他们是怎样的，他们都是父母之人生的意义；而当他们倍觉人生没有意义时，他们还是父母之人生的意义；若他们奋斗成为所谓“成功者”了，他们的父母之人生的意义，于是似乎得到一种明证了；而他们若一生平凡着呢？尽管他们一生平凡着，他们仍是父母之人生的意义。普天下之中年人，很少像青年人一样，因了儿女之人生的平凡，而倍感自己之人生的没意义。恰恰相反，他们越平凡，他们平凡的父母，所意识到的责任便往往越大、越多……

由此我们得到一种结论，所谓“人生的意义”，它一向至少是由三部分组成的：一部分是纯粹自我的感受；一部分是爱自己和被自己所爱的人的感受；还有一部分是社会和更多，有时甚至是千千万万别人们的感受。

当一个青年听到一个他渴望娶其为妻的姑娘说“我愿意”时，他由此顿觉人生饱满着一切意义了，那么这是纯粹自我的感受。

“世上只有妈妈好，有妈的孩子是块宝。”——这两句歌词，其实唱出的更是作为母亲的女人的一种人生意义。也许她自己的人生是充满苦涩的，但其绝对不可低估的人生之意义，宝贵地体现在她的孩子身上了。

爱迪生之人生的意义，体现在享受电灯、电话等等发明成果的全世界人身上；林肯之人生的意义，体现在当时美国获得解放的黑奴们身上；曼德拉的人生意义体现于南非这个国家了；而俄罗斯人民，一定会将普京之人生的意义，大书特书在他们的历史上……

如果一个人只从纯粹自我一方面的感受去追求所谓“人生”的意义，并且以为唯有这样才会获得最多最大的意义，那么他或她到头来一定所得极少。最多，也仅能得到三分之一罢了。但倘若一个久的人生在纯粹自我方面的意义缺少甚多，尽管其人生作为的性质是很崇高的；那么在获得尊敬的同时，必然也引起同情。比如阿拉法特，无论巴勒斯坦在他活着的时候能否实现艰难的建国之梦，他的人生之大意义对于巴勒斯坦人都是明摆在那儿的。然而，我深深地同情这一位将自己的人生完完全全民族目标化了的政治老人……

权力、财富、地位、高贵得无与伦比的生治方式，这其中任何一种都不能单一地构成人生的意义。即使合并起来加于一身，对于人生之意义而言，也还是嫌少。

这就是为什么戴安娜王妃活得不像我们常人以为的那般幸福的原因。贫穷、平凡、没有机会受到过高等教育终生从事收入低微的职业，这其中任何一种都不能单一地造成对人生意义的彻底抵消。即使合并起来也还是不能。因为哪怕命运从一个人身上夺走了人生的意义，却难以完全夺走另外一部分，就是体现在爱我们也被我们所爱的人身上的那一部分。哪怕仅仅是相依为命的爱人，或一个失去了我们就会感到悲伤万分的孩子……

而这一种人生之意义，即使卑微，对于爱我们也被我们所爱的人而言，可谓大矣！人生一切其他的意义，往往是在这一种最基本的意义上生长出来的。好比甘蔗是由它自身的某一小段生长出来的……

何妨减之

某日，几位青年朋友在我家里，话题数变之后，热烈地讨论起了人生。依他们想来，所谓积极的人生肯定应该是这样的——使人生成为不断地“增容”的过程，才算是与时俱进的，不至于虚度的。我听了就笑，他们问：“您笑是什么意思呢？不同意我们的看法吗？”我说：“请把你们那不断地‘增容’式的人生，更明白地解释给我听来。”

便有一人掏出手机放在桌上，指着说：“人生好比是这手机，当然功能越多越高级。功能少，无疑是过时货，必遭淘汰。手机必须不断更新换式，人生亦当如此。”

我说：“人是有主观能动性的，而手机没有。一部手机，其功能多也罢，少也罢，都是由别人设定了的，自己完全做不了自己的主。所以你举的例子并不十分恰当啊！”

他反驳道：“一切例子都是有缺陷的嘛！”另一人插话道：“那就人生好比是电脑。你买一台电脑，是要买容量大的呢，还是容量小的呢？”我说：“你的例子和第一个例子一样不十分恰当。”他们便七言八语“攻击”我狡辩。我说：“我还没有谈出我对人生的看法啊，‘狡辩’罪名无法成立。”于是皆敦促我快快宣布自己对人生的看法，我说：“你们都知道的，我不用手机，也不上网。但若哪一天想用手机了，也想上网了，那么我可能会买小灵通和最低档的电脑。因为只要能通话，可以打出字来，其功能对我就足够了。所以我认为，减法的人生，未必不是一种积极的人生。而我所谓之‘减法的人生’，乃是不断地从自己的头脑之中删除掉某些人生‘节目’，甚至连残余的信息都不留存，而使自己的人生‘节目单’变得简而又简。总而言之一句话，使自己的人生来一次删繁就简……”

我的话还没说完，皆大摇其头曰：“反对，反对！”

“如此简化，人生还有什么意思？”

“面对丰富多彩、机遇频频的人生，力求简单的人生态度，纯粹是你们中老年人无奈的活法！”

我说:“我年轻时,所持的也是减法的人生态度。何况,你们现在虽然正年轻着,但几乎一眨眼也就会成为中老年人的。某些人之所以抱怨人生之疲惫,正是因为自己头脑里关于人生的‘容量’太大太混杂了,结果连最适合自己的那一种人生的方式也迷失了。而所谓积极的、清醒的人生,无非就是要找到那一种最适合自己的人生方式。一经找到,确定不移,心无旁骛。而心无旁骛,则首先要从眼里删除掉某些吸引眼球的人生风景……”

对方们皆黯然,未领会我的话。

我只得又说:“不举例了。世界上还没有人能想出一个绝妙的例子将人生比喻得百分之百恰当。我现身说法吧。我从复旦大学毕业时,27岁,正是你们现在这种年龄。我自己带着档案到文化部报到时,接待我的人明明白白地告诉我,我可以选择留在部里的。但我选择了电影制片厂。别人当时说我傻,认为一名大学毕业生留在部级单位里,将来的人生才更有出息。可以科长、处长、局长地一路在仕途上‘进步’着!但我清楚我的心性太不适合所谓的‘机关工作’,所以我断然地从我的头脑中删除了仕途人生的一切‘信息’。仕途人生对于大多数世人而言,当然意味着是颇有出息的一种人生。但再怎么有出息,那也只不过是别人的看法。我们每一个人的头脑里,在人生的某阶段,难免会被塞入林林总总的别人对人生的看法。这一点确实有点儿像电脑,若是新一代产品,容量很大,又与宽带连接着,不进入某些信息是不可能的。然而判断哪些信息才是自己所需要的信息,这一点却是可能的。又比如我在40岁左右时,结识过一位干部子弟。他可不是一般的干部子弟,只要我愿意,他足以改变我的人生。他又何止一次地对我说,趁早别写作了,我看你整天伏案写作太辛苦了。当官吧!先从局级当起怎么样?正局!我替你选择一个轻松的没什么压力的职位,你认真考虑考虑。我说,多谢抬爱,我也无须考虑。仕途人生根本不适合我这个人,所以你千万别替我费心。费心也是白费心!”

何以我回答得那么干脆?因为我早就考虑过了呀,早就将仕途人生从我的人生“节目单”上删除掉了呀!以后他再劝我时,我的头脑干脆“死机”了。

大约在我45岁那一年,陪谌容、李国文、叶楠等同行之忘年交到哈尔滨参加冰雪节开幕式。那一年有几十位台湾商界人士去了哈尔滨。在市里举行的欢迎宴会上,台湾商界人士对我们几位作家亲爱有加,时时表达真诚敬意。过后,其中数人,先后找我与谌容大姐“个别谈话”——恳请我和谌容大姐做他们在中国大陆发展商业的全权代理人。“投资什么?投资多少?你们来对市场进行考察,你们来提议。一个亿?两个亿?或者更多?你们只管直说!别有顾虑,我们拿得起的。酬金方式也由你们来定。年薪?股份?年薪加股份?你们要什么车,配什么车……”

话都说到这个份儿上了,不由人不动心,也不由人不感动。

我曾问过谌容大姐:“你怎么想的呢?”

谌容大姐说:“还能怎么想,咱们哪里是能干那等大事的人呢?”她反问我怎么想的。

我说:“我得认真考虑考虑。”

她说:“你还年轻,尝试另一种人生为时未晚,不要受我的影响。”

我便又去问李国文老师的看法,他沉吟片刻,答道:“我也不能替你拿主意。但依我想来,所谓人生,那就是无怨无悔地去做相对而言自己比较能做好的事情。”

那一夜，我失眠。年薪，我所欲也；股份，我所欲也；宝马或奔驰轿车，我所欲也。然商业风云，我所不谙也；管理才干，我所不具也；公关能力，我之弱项也；盈亏之压力，我所不堪承受也；每事手续多多，我所必烦也。那一切的一切，怎么会是我“比较能做好的事情”呢？我比较能做好的事情，相对而言，除了文学，还是文学啊！

翌日，真情告白，实话实说。返京不久，谌容大姐打来电话，说：“晓声，台湾的那几位朋友，赶到北京动员来啦！”我说：“我也才送走几位啊。”她又说那一句话：“咱们哪是能干那等大事的人呢？”我说：“台湾的伯乐们走眼了，但咱们也惭愧了一把啊！”

便都在电话里笑出了声。

有闻知此事的人，包括朋友，替我深感遗憾，说：“晓声，你也把自己的人生搞得太消极太窄狭了啊！人生大舞台，什么事，都无妨试试的啊！”

我想，其实有些事不试也可以知道自己的斤两。比如潘石屹，在房地产业无疑是佼佼者。在电影中演一个角色玩玩，亦人生一大趣事。但若改行做演员，恐怕是成不了气候的。做导演、作家，想必也很吃力。而我若哪一天心血来潮，逮着一个仿佛天上掉下来的机会就不撒手，也不看清那机会落在自己头上的偶然性、不掂量自己与那机会之间的相克因素，于是一头往房地产业钻去的话，那结果八成是会令自己也令别人后悔晚矣的。

说到导演，也多次有投资人来动员我改行当导演的。他们认为观众一定会觉得新奇，于是有了炒作一通的那个点，会容易发行一些。

我想，导一般的小片子，比如电影频道播放的那类电视电影，我肯定是力能胜任的。600 万投资以下的电影，鼓鼓勇气也敢签约的（只敢一两次而已）。倘言大片，那么开机不久，我也许就死在现场了。我曾说过，当导演第一要有好身体，这是一切前提的前提。爬格子虽然也是耗费心血之事，劳苦人生，但比起当导演，两种累法。前一种累法我早已适应，后一种累法对我而言，是要命的累法……

年轻的客人们听了我的现身说法，一个个陷入沉思。

我最后说："其实上苍赋予每一个人的人生能动力是极其有限的，故人生'节目单'的容量也肯定是有限的，无限地扩张它是很不理智的人生观。通常我们很难确定自己究竟能胜任多少种事情，在年轻时尤其如此。因为那时，人生的能动力还没被彻底调动起来，它还是一个未知数，但这并不意味着我们连自己不能胜任哪些事情也没个结论。在座的哪一位能打破一项世界体育纪录呢？我们都不能。哪一位能成为乔丹第二或姚明第二呢？也都不能。歌唱家呢？还不能。获诺贝尔和平奖呢？大约同样是不能的，而且是明摆着的无疑的结论。那么，将诸如此类的，虽特别令人向往但与我们的具体条件相距甚远的人生方式，统统从我们的头脑中删除掉吧！加法的人生，即那种仿佛自己能够愉快地胜任充当一切社会角色，干成世界上的一切事而缺少的仅仅是机遇的想法，纯粹是自欺欺人。"

一种人生的真相是——无论世界上的行业丰富到何种程度，机遇又多到何种程度，我们每一个人比较能做好的事情，永远也就那么几种而已。有时，仅仅一种而已。

所以即使年轻着，也须善于领悟减法人生的真谛：将那些干扰我们心思的事情，一而再，再而三地从我们人生的"节目单"上减去、减去、再减去。于是令我们人生的"节目单"的内容简明清晰；于是使我们比较能做好的事情凸显出来。所谓人生的价值，只不过是要认认真真、无怨无悔地去做最适合自己的事情而已。

花一生去领悟此点，代价太高了，领悟了也晚了。花半生去领悟，那也是领悟力迟钝的人。

现代的社会，足以使人在年轻时就明白自己适合做什么事。只要人肯于首先向自己承认，哪些事是自己根本做不来的，也就等于告诉自己，这种人生自己连想都不要去想。如今“浮躁”二字已成流行语，但大多数人只不过流行地说着，并不怎么深思那浮躁的成因。依我看来，不少的人之所以浮躁着并因浮躁而痛苦着，乃因不肯首先自己向自己承认——哪些事情是自己根本做不来的，所以也就无法使自己比较能做好的事情在自己人生的“节目单”上简明清晰地凸显出来，却还在一味地往“节目单”上增加种种注定与自己人生无缘的内容……

中国的面向大多数人的文化在此点上扮演着很劣的角色——不厌其烦地暗示着每一个人似乎都可以凭着锲而不舍做成功一切事情；却很少传达这样的一种人生思想——更多的时候锲而不舍是没有用的，倒莫如从自己人生的“节目单”上减去某些心所向往的内容，这更能体现人生的理智，因为那些内容明摆着是不适合某些人的人生状况的……

论民主

（一）

事实上，民主作为一种人类社会的现象，古已有之。

诸侯称霸的社会有诸侯们的民主现象；皇权一统的社会有皇帝们的民主现象；推而论之，大约氏族时期，无论父系还是母系，也自有其民主现象吧？

在中国，后来被史家称为“帝”的尧、舜两位氏族首领，便在民主现象方面有过良好表现。也有史家认为，包括禹在内的“三帝”，并不真的存在。即或如此，假托的民主表现，也还是可以证明人类对于民主的早期想象。

尧是有后代的，却将帝位传给了深孚众望的舜，这不能不说是“天下为公”的做法。舜也是有儿子的，却将帝位传给了禹，而且禹还是遭罪诛之人的后代（传说禹的父亲因治水无果，被砍了头，很可能还是经舜批准的），这也不能不说是“天下为公”的典范。禹也是一心想要以尧、舜为榜样的。考查期满了的第一位接班人，不幸死在他的前边。而第二位接班人尚未来得及接他的班，他自己却猝死了。偏偏他的儿子又有野心，威胁合理的接班人不许接班；偏偏合理的接班人又怯懦，所以也就不敢相争，结果禹的儿子成为首领。成为首领后，一不做，二不休，干脆将合理的接班人杀了。

“天下为公”的历史随之终结，“家天下”的历史随之开始。这一开始，也就一发而不可收拾。古代人的权力崇拜，远比近当代人强烈得多。权力得来不易，家传才心安理得，自然视民主思想、民主言论为大逆不道。

周武王伐纣，建立了周朝，分封有功者、立诸侯，起初也是想民主些，要求诸侯们每年年末到王朝所在地开一次会，互相交流统治的经验教训，很有点联邦的意思。这方式，也不能不承认是人类早期的民主现象。但是，又要天下太平、长治久安，又要一国权力家传，永远姓周，这就特难。好景不长，周王朝也瓦解了，于是群雄争霸，烽烟四起。

孔子一生大愿是“克己复礼”，所要“复”的正是周朝那一种制度。也许在他想来，那是光复民主。所以他的学生子路倡导文明祭祀，不杀活牲，孔子的反应是很冷漠的。子路不解，质问他何以不热忱地支持自己，他则叹道：“唉，你眼里只看到了几头牲畜的可怜，我心里日夜思想的却是何年何月才能恢复周天朝的那种礼啊！”忧国忧民心境，令人感动。

假如孔子至今还活着，假如我们问他，周天朝那一套封建秩序和那封建民主，恢复了又怎样呢？您明明心里清楚，那终究是不可持续的啊！他肯定是答不上来的，或者他认为，世代君王都接受他的谆谆教诲，争做仁君，便可持续了吧？但我们清楚，那不过是他的天真理想。后来的君王们倒是都极敬起他的学说来了，但没几个真照他的教诲做仁君的，而是要求百姓照他的教诲做良民。

中国历史上的情形如此，外国又何尝不是这样呢？

就说英王乔治一世吧，统一了疆土之后，实行圆桌会议，十几位有功的骑士，不但可以与他平等似的围坐着共议国事，还可以那样子和他共饮共食，碰杯同歌。比起中国最开明的封建君王与大臣们的关系，也还是民主多了吧？但那又怎么样呢？乔治一世一死，儿子称君，十几位有功的骑士们，还不是一个个被杀害了吗？到了乔治八世，自己亦难逃身首两处的下场。

沙俄女皇叶卡捷琳娜仿佛也是很乐于实行民主的，有新思维的人都有几分可能被她宣入宫中，待之以礼，赐给爵位。连法国的伏尔泰也做过她的贵宾，并且写过锦绣文章，赞颂她的“与时俱进”。但法国一兴起真的民主革命来，远在俄国的她便视为洪水猛兽了。一听说路易十六被“公民议会”处以死刑，她立刻下令出兵，帮助法国保王派武装力量镇压革命，“替天行道”。

封建社会制度之下，民主从来都是现象，从来都是陪衬封建统治的“秀”。封建制度是绝不允许民主也制度化的。

(二)

但古罗马的情况却是那么例外。在人类的社会中，民主作为一种形式，最先出现在古罗马文学中。

普罗米修斯的故事，一经从希腊神话中被移植到了罗马神话中，便发生了微妙的情节改变：

人类不堪神们不断升级的崇拜指示和祭祀要求，只得和神们进行迫不得已的谈判。

要进行谈判就得有谈判代表，普罗米修斯成为人类公推的谈判代表。他的谈判条件只有两条——人类愿意对神们保持崇拜和敬畏，也愿意因而履行祭祀的义务；但神们不能对人类施加太多太高的要求，使崇拜和敬畏成为人类的精神负担和压力；并且神们也当集体自律，还应将人类最需要的火无条件地给予人类。

这是人类公推的代表，首次向神权理直气壮地提出人权诉求的文学记载，可视为人权最早的“白皮书”，当然也可视为人类最早的民主思想的萌芽。

可能正因为这种最早的民主思想形成于罗马，后来在古罗马出现了“元老院制”。全世界都不得不承认，是罗马人首先在自己的古国里将民主制度化了。

细想想，令我们后人难免困惑——当时的罗马，其实还是一个兼有显著的奴隶制特征的封建制古国，怎么就会产生了“元老院”那么一种特现代的民主形式呢？

民主现象是一回事，民主制度是另一回事。民主只有制度化了，才进而合法化了；只有合法化了，人民才能变为公民，才能拥有公民的公权力。

由于有了元老院，古罗马才废除了帝王制，改为保民官制。恺撒起初只不过是保民官。他这位“保民官”当多久，取决于元老院和罗马公民对他的政绩评估如何。倘若他当得不好，别人经由公选取代了他，便是既合理也合法的事了。当时一心想要取代他的，自然是另一位统率众兵的将军庞培。

元老院倒是使一个古国在民主方面制度化，但并不意味着这一个古国于是成为理想国了。最血腥、最野蛮、最残酷、最违背人性的事情依然发生在罗马，便是经常发生在角斗场里的事情；便是奴隶非人，奴隶主有权任意惩罚、买卖乃至杀死奴隶。而且在元老、贵族和保民官之间，权力争斗、尔虞我诈司空见惯，不足为奇，暗杀手段也是家常便饭。

恺撒不甘于仅仅做“保民官”，打算称帝，结果被元老们所杀。对于恺撒，这是悲剧；而对于一个古国的民主制，却是迫不得已。

只要人类的历史仍处于封建制度的历史时期，民主即使制度化了，也无法保证国家的公权力不被权力欲极大的人个人化。

又比如拿破仑……

（三）

古罗马帝国后来形成了意大利公国。

由于这个公国曾有过以上历史经历，文艺复兴运动首先发生在意大利实属必然。那时的意大利，资本主义已见端倪，资产阶级已经产生。

任何一个新阶级都必然是没有属于自己的文化的阶级。资产阶级不屑于仅仅充当封建贵族阶级文化的“异己继承者”，对于劳动人民的大众文化又看不上眼，所以倍感文化饥渴。如果不能尽快拥有属于自己的文化，那么将不但在文化方面被封建贵族阶级所蔑视，也会被劳动人民所讥笑。这是意大利资产阶级文艺复兴运动的初衷。

只要有阶级存在，文艺就不但注定具有阶级的形式特征，也注定具有阶级的思想色彩。复兴来复兴去，不同于封建贵族阶级的文艺产生了，资产阶级的社会思想也悄然形成。

像孔子“克己复礼”是由于有一个周天朝的“样板”存在过一样，意大利资产阶级的文艺复兴，也是由于有一种古罗马的民主制曾存在过。

资产阶级的社会思想一经形成，资产阶级的革命行动随之发生。那一行动之目的在于颠覆帝制。肩负那一使命的群体叫“党”，具体说是“烧炭党”，因为他们经常装扮成贩卖炭的脚夫进行串联，凝聚力量。《牛氓》中的主人公亚瑟后来便是烧炭党人。法国著名作家司汤达的小说《法尼娜·法尼尼》，内容写的便是一位意大利贵族小姐与一名青年烧炭党人之间的爱情故事。司汤达曾作为法国的外派官员在意大利生活过多年。

文艺复兴的接力棒一经传到法国，于是演变为启蒙运动。资产阶级的革命随之在法国全面爆发。

民主是需要用血来换的。法国资产阶级流不起那么多血，便将平民阶级鼓动起来，和他们一起造反。平民阶级对于造反这类事一向很来劲，资产阶级反而被吓着了，就反戈，再与封建贵族阶级联合起来，镇压平民阶级的造反。封建贵族阶级、资产阶级、平民阶级，三方面都死人无数；三方面人的手上，都交错沾染了别的两方面的鲜血。比起来，平民阶级所流的血最多。

人类用血浇铸了一部《人权宣言》，它使人类的血总算没白流……

(四)

民主对于人类而言，只有在西方的启蒙运动之后才牢固地确立了其文明意义。

封建的王朝统治最长的也不过两三百年，还要依赖封建专制的手段。其不可持续，已无需证明。

人类希望借民主政体，以使每一个国家的每一个人都最大程度地享有公民权——人权。这一种可能性，也已无需证明。

故民主不仅是"社会主义的生命"，也是全人类的精神生命。在独裁的、专制的政体和泛民主的、无政府主义的社会状态之间，民主的管理方式，无论对于哪一个国家，都不是一件容易之事。幸而人类已经进入了理性时期，较能够靠理性包容各种民主制度的差强人意之点子。"民可使由之，不可使知之。"孔子替封建帝王们所出的这一统治招数是最阴损的，也是今日之中国人最应予以唾弃的。

归根结底，民主乃是使一个国家在思想上别沉睡不醒的"脑白金"。近代的中国之所以长期落后而不自知，首先就是由于统治者的卑鄙，致使国人在思想上集体睡着了。所以我们这一头"东方睡狮"，当年被外国人用大炮来轰，起初却仍一眼开一眼闭，半醒不醒……

民主与爱国

读闲书，思史中人事，每生出些不三不四的想法。就说百年以来的风云变幻吧，其间精英俊杰、赫赫诸公，他们的是与非、红与黑，直让我这种头脑愚钝的人，困惑一阵，又困惑一阵。曾国藩无疑是晚清大臣们的楷模，因为他“忠”。站在康南海们的立场来看，他是旧道统的护法者。可站在他的弟子李鸿章们的立场来看，他显然又是一个大大的爱国者。护法者终护其何？他们的逻辑肯定是护国也。护国难道还不是爱国吗？不爱国会那么不计个人得失地护国吗？会有功成身退的自觉吗？旧道统也罢，新道统也罢，还不是一国之道统吗？任由乱党、暴民们破了，岂非国之不国？

曾国藩说李鸿章是一个“拼命做官的人”。李鸿章实在是对得起曾国藩对他的表扬的，他为大清国“拼命做官”几乎做到了“死而后已”。这样的一个人，你能说他不爱国？

吴佩孚也认为自己是爱国的，他认为爱国不爱国，关乎他那样一个人的大节。正是：悠悠万事，唯此为大。所以，他失势后，有点儿什么都不在乎了，但是特在乎他的大节之保失。

连张作霖也认为自己是一个特别坚定的爱国者，而当军阀则是自己爱国的证明。在皇姑屯遭到暗算后，自知性命不久，对夫人的临终交代中有句话是“快叫回小六子，以后要靠他来为国出力了”。

显然，以上人物心中是有国的，并且都认为身负着整顿国家的大责任、大使命。然而，对于另一类爱国并且一心兴国的人物，他们却是要大开杀戒，冷酷无情的，比如秋瑾、谭嗣同、李大钊、孙中山们。即使并未亲自下令或者操刀，但是同类们那么干，他们都是绝无异议的。

张学良自然是十分爱国的，可是他督杀了邵飘萍。后者也不过就是一报人，以笔批评批评时政，提倡提倡民主而已。几乎也很难说蒋介石是不爱国的，但人们都知道他对民主却是叶公好龙的。

孙中山不但爱国，还爱民主。他因极其爱国而极其爱民主，但是他总被那些高喊着爱国却仇视民主的人物们所算计。

一部中国近代史，凡百余年间，血雨腥风，页页惨烈；一言以蔽之，皆因“民主”二字也。

爱国的自由，连慈禧也是肯给的；但是为着也爱民主的自由，竟牺牲了我中华民族多少好儿女啊！

试问今人：爱国否？

不论男女老少，回答都将是肯定的。

若再问：也爱民主吗？

那么，便不知会分出多少派来了！

然窃以为，自诩爱国，但是对民主却叶公好龙的那些人，他们的爱国心其实是很可疑的。在中国，究竟是这等爱国者多一些，还是同时也爱民主的爱国者多一些？没谁统计，不得而知。

又窃以为，民主的形式本不成为什么问题。一句话操百种，无非以有利于人民真正能行使当家做主的权利为好。而这种好，对于有些人是大不好。

凡百余年间，中国人相互的怨毒，根子就在这“好”与“不好”的区别——于是中国人的爱国,也便是各说各话的一种爱法……

论荣誉

何谓荣誉?光荣之名誉耳。

世上绝大多数人,出生时都是没有什么荣誉的。但极少数人是有的,如高贵的血统,古老而令人尊敬的姓氏,世袭的爵位或名分、封号。然而无论在中国抑或别国,那都是古代之事了。至近代,世人越来越倾向于这样一种共识——荣誉是不能世袭的。出身名门乃至皇室,除了是幸运说明不了别的。著名而卓越的政治家、科学家、文艺家和企业家们,他们所获得的任何荣誉,皆无法直接遗传给下一代。人们也许会情不自禁地羡慕他们的下一代,但却不太会因而顿起敬意。

确乎,荣誉是和敬意连在一起的,敬意是和一个人具体做了什么可敬的事连在一起的。然而也不能完全否认,一个曾经广受尊敬的人物,他的下一代丝毫也分享不了他的光荣。如果谁遇到了一个男人或一个女人,确凿无疑地晓得了他或她的祖父、外祖父什么的是林肯,或是丘吉尔,起初多少还是会刮目相看的。这是一种很正常的心理反应,敬意肯定是会有些的,但通常情况下,更多的是好奇。因为他们的先人非同寻常,我们想要了解他们的欲望更大些。但如果他们本身并不优秀,我们起初的敬意也罢,好感也罢,好奇也罢,不久便会消失殆尽。也许,还会对他们颇觉失望。

今天的英国，以及其他有王权存在的国家，依然会将贵族头衔“赐封”给在某一业界卓有成就的人——对双方，那也依然意味着是一种荣誉的授予与幸受。但贵族头衔本身已经没有了实际意义，一连串的贵族头衔之总和，恐怕也抵不上一项具有权威性的专业内所授予的荣誉。故王室的赐封，一向都进行在专业荣誉授予之后。

古代的人们，不论中国人还是外国人，大抵都是很珍惜荣誉的。又不论男人还是女人，往往视荣誉为第二生命。于男人们，倘荣誉受损，并且是被别人败坏的，那么便往往会与别人决斗。于女人们，则往往以自杀来洗刷清白，表示抗议。

但这只是古代的人们对待荣誉之态度的一方面，而另一方面乃是，对于所谓荣誉，他们是看得很透，也是看得很深的。按王安石的说法是——“古之人以名为羞，以实为慊，不务服人之貌，而思有以服人之心。”对于今人，王安石自是古人；对于王安石，其所言“古之人”，大约是指尧、舜、禹、黄帝时候的古代了。他为什么发那样的“厚古薄今”之感慨呢？显然是基于他那个时代沽名钓誉的人太多的原因。在他那个时代，荣名亦分两种，一种是百姓所给的，一种是皇家出于笼络和利用之目的给的。百姓给的荣名，仅仅是荣名而已。皇家给的荣名，总是与利益实惠挂钩的。故逐名者流所“沽”所“钓”，其实也是在钓利益和实惠。

看透了这一世相，于是王安石、颜之推、骆宾王、柳永们说：“上士忘名、中士立名、下士窃名。”“不修身而求令名于世者，犹貌甚恶而责妍影于镜也。”“不汲汲于荣名，不戚戚于卑位。”或者说得更干脆——“忍把浮名，换了浅斟低唱。”最起码，要求自己“功成名遂身退”。既然“功”有利国利民的一面，让有抱负的人士完全放弃为国为民的志向，显然也是不对的。既然“功成”而后“名遂”于是利至，那么便“身退”以避利之熏染。

此种思想，体现着一种对泛滥的逐利现象的拒绝，所以在古代的语汇中，产生了“清名”和“清流”二词。不屑仕途者，以“清流”自我要求，或曰“自标”。已入仕途者，起码还在乎其名清否。若“清”，便是获得了“清誉”，“清誉”当然也是荣誉。这一种荣誉，质地干净，估计连柳永，也还是肯要的。

放眼今天，中国也大，人口也众，荣名需求也多，故政府也授、企业也颁、各类机构也给、民间也不甘寂寞地选：报刊杂志一概传媒也乐得有热闹可以营造，可以报道，于是不遗余力推波助澜——于是，几乎年年月月地评，如同天女散花，荣名满天飞。学子也要荣名，教授也好荣名，企业家财源滚滚也觊觎名利双收，官员更是使出浑身解数，忙不迭地亲抓一项项“面子工程”……得到的欢喜，授予的高兴，得不着的郁闷生气，于是时不时地这里那里曝出着评选丑闻……

在中国，荣名之给与受，每天要有不少人耗很多的时间，投入很大的精力；而好荣名者，遂挖空心思专执一念，走后门托关系拉选票，弄虚作假且不脸红。“潜规则”按理说应是“过街老鼠”，在中国却似乎直接就成了“规则”之一种。既然是“潜”的，应和着暗中来做就是。人人心知肚明，彼此心照不宣，乐此不疲，皆来劲也。

保自家“清名”的人是越来越少，“清名”对人有何好处？没半点好处要它做甚？

连自标“清流”的人也越来越少了。真守得住“清名”的已是凤毛麟角，根本形成不了“流”，因而就全无名节吸引力。标而后，人们必果然以“清流”要求，那将活得多么的拘谨，岂不是犯傻吗？连政协委员、人大代表,往往也被当成荣誉来给、来授,并不计较是否真的有那份替人民大众鼓与呼的参政议政责任感。

不消说,中国必是世界上最大的荣名集散场。

然若按人口比例来说,中国创新型人才是少的,真有品质的创新产品也并不多。

因太多的人都宁肯荒了专业,去逐荣名了。

忙是,歌星影星们,忙得倒还实在些。因为工夫毕竟还得用在专业上,而不是专业以外的别的方面……

论崇高

崇高是人性善的极致体现,以为他人为群体牺牲自我做前提。

一个时期以来,“崇高”二字,在中国成了讳莫如深之词,甚至成了羞于言说的。我们的同胞在许多公开场合眉飞色舞于性,或他人隐私。倘谁口中不合时宜地道出“崇高”二字,那么结果肯定是大遭白眼。

而我是非常敬仰崇高的,我是非常感动于崇高之事的。

我更愿将崇高与人性连在一起思考。

我认为崇高是人性内容很重要也很主要的组成部分。我确信崇高也是人性本能之一方面。确信它首先非是任何一类道德说教的成果。既非宗教道德说教的成果,亦非政治道德说教的成果。

我确信人性是由善与恶两部分截然相反的基本内容组成的。若人性恶带有本性色彩，那么人性善也是带有本性色彩的。人性有企图堕落的不良倾向，堕落往往使人性快活；但人性也有渴望升华的高贵倾向，升华使人性放射魅力。长久处在堕落中的人其实并不会长久地感到快活，而只不过是对自己人性升华的可能性完全丧失信心，完全绝望。这样的人十之七八都曾产生过自己弄死自己的念头。产生此种念头而又缺乏此种勇气的堕落者往往是相当危险的。他们的灵魂无处突围便可能去伤害别人，以求一时的恶的宣泄。那些在堕落中一步步滑向人性毁灭的人的心路，无不有此过程。

但人性虽然天生地有渴望升华的高贵倾向，人类的社会却不可能为满足人性这一种自然张力而设计情境。这使人性渴望升华的高贵倾向处于压抑。于是便有了关于崇高的赞颂与表演，如诗、如戏剧、如文学，和史，和民间传说。人性以此种方式达到间接的升华满足。

我之所以确信崇高是人性本能，乃因在许多灾难面前，恰恰是一些最最普通的人，其人性的升华达到了最最感人的高度。

1961 年 12 月 17 日，巴西某马戏团正在尼泰罗伊郊区的一顶尼龙帐篷下表演，帐篷突然起火，2500 多名观众四处逃窜，其中大部分是儿童。

一个农民站在椅子上大喊："男人们不要动，让我们的孩子们先逃！"

他喊罢立刻安坐了下去。

火灾被扑灭后，人们发现三十几个人集中坐在椅子上被活活烧死，他们都是农民。

没谁对他们进行过政治性的崇高说教。他们都不是教徒，无一人生前进过一次教堂。

1889 年 5 月 31 日，位于美国宾夕法尼亚州的约翰斯敦水库 12 英里长的水库堤坝全线崩溃，泻出水量 40 万立方英尺、56 亿加仑的水重达

2000 万吨，压塌了山谷，顿时将约翰斯敦和周围的十几个城镇毁为废墟。

下游城镇的几乎全体居民发动了空前自觉的营救，许多人为救他人而献身。

1913 年，美国俄亥俄、印第安纳、伊利诺伊等州洪水泛滥成灾，12.5 万居民被困在屋顶和树上，许多居民自发地组成了互救队，涌现了许多感人的崇高、英雄主义的事迹。七十高龄的国家货币注册公司经理帕特逊，只着短裤，独自驾舟往返于各街道之间，从水中救起几十人……12 名电报业务员坚守岗位 60 余小时，她们不知亲人安危与否，半数人因过度疲劳而昏倒。俄亥俄州特立华大学的学生中也涌现出一桩桩可歌可泣的营救事迹。两名学生和一位老教授划船救了几十人后，船被大浪掀翻，师生三人一起遇难……

伊利诺伊州州长灾后的一次讲演中有这样一句话："在此次灾难中，上帝引导我们中许多人舍生忘死，先人后己。这些人便是上帝，他们人性中的崇高美点永垂不朽！"

世界各地从古至今的每一次灾难中都曾有崇高之烛闪耀过。我们人类的人性中的崇高美德接受过何止百次严峻的检阅？

1998 年，中国南北两地的抗洪救灾，也何尝不是经受这样的大检阅呢？之所以感人，恰因那种种的崇高，乃是被标定在人性最高的位置上昭示于我们啊！

其他任何位置，依我看来，都非那种种崇高真本的位置。中国人，珍视啊！千万不要扭曲了它啊！

一想到这里，我不禁地忧郁起来……

论英雄

如果说人类的历史是不息的江河，如果说人类的历史是春绿秋荣的四季，如果说人类的历史是厚盈百尺而且情节继续着的大书，如果说人类的历史是一代人与上下几代人的记忆的贯通组合……那么，阶级斗争就是那江河汹涌激荡势必决堤的现象，就是那四季颠错的异常气候，就是那改变主角的内容严峻的章回，就是那浴血奋战后呐喊回绕中的沉思……

阶级斗争是被剥削被压迫阶级的无奈而又悲怆的选择，是用武器诉说着的理由，是以生命和鲜血来争取的公正，是绝望了的人们的“最后的斗争”，是“不战胜，毋宁死”的决心……

在人类历史所发生的一切阶级斗争中，尤以无产阶级对资产阶级的斗争最为持久、最为顽强，其记录也最为雄浑壮烈。《自由引导人民》那幅感天地泣鬼神的画上，擎举在巴黎女人手中的红旗以及挥舞在少年手中的双枪，任何时候都会使我们对我们人类历史上所发生的由人类自己造成的重大冲突愀然又肃然。它对我们人类无声的告诫乃是——不要使女人踏着尸体冲锋陷阵、少年不够大的手握起冰冷的枪械的事件再发生……

保尔·柯察金所处的时代，正是类似的时代。那少年还不懂革命目的还没有成为战士便已然准备为他所属的阶级进行反抗了。他偷枪的行为证明了此点。那是一种遗传在他血管里的本能，那是一种被眼见的苦难和亲历的屈辱所唤醒的冲动，那是一种简单的复仇的欲念。当他的本能、冲动和欲念汇入锐气磅礴不可阻挡的革命岩流，他义无反顾地将他的生命与它融为一体，当成了它的一部分。

革命需要千千万万的保尔是自然而然的事情，千千万万的保尔响应革命也是自然而然的事情——在这两种时代惯力的作用下，阶级的英雄诞生着……

列宁在克里姆林宫以他洪亮的极具感召力的声音宣布：苏维埃政权成立了！——其后千千万万热血的中国青年，正独自或一批批地走在奔赴延安的路上……

社会主义从马克思的书中耸立起来了，成为眈眈可见的了。它在人类的时代迷惘不知方向之际，淋漓着通体的血迹无所畏惧；它宛如从历史的子宫刚刚分娩出来的巨童；它是无产阶级用自己的血和尸创造出来的；它寄托着无产阶级每一名成员，包括它的子孙后代所渴望获得的尊严和幸福……

在以前的历史中无产阶级没有任何骄傲和自豪。唯革命才使无产阶级也有了——那便是它的领袖和它的英雄。在革命胜利之初，那几乎是它仅有的骄傲和自豪。

领袖是曾一无所有的阶级的父母。英雄是曾一无所有的阶级的儿女。这二者对于夺取政权、巩固政权的无产阶级缺一不可。它是无比宝贵的基本财富。

倘保尔以后并没双目失明全身瘫痪，那么他将不可能成为备受他的阶级崇敬的英雄。因为许许多多像他一样的青年为革命献出了生命。相比之下，他的经历将不但是共性的而且是寻常的，甚至是幸运的。比如牺牲了的谢廖沙和瓦莉亚兄妹。倘保尔虽然以后双目失明了全身瘫痪了，却并没有写出《钢铁是怎样炼成的》这一部书，那么他也不可能成为他的阶级的英雄。因为许许多多像他一样的苏联青年为革命伤残了。他的双目失明和全身瘫痪，将更被以同情和惋惜的目光视为不幸。

但是他在双目失明和全身瘫痪的情况之下写出了他的书。而他也许是人类历史上第一个做到了这一点的人。在他之前，确切地说是在奥斯特洛夫斯基之前，古今中外，有人在穷困潦倒中写出过书，有人在垂垂暮年写出过书，有人在病榻上写出过书，有人在丧妻失子的悲痛中写出过书，有人甚至在狱中写出过书——却很少有人在双目失明和全身瘫痪，并且时时忍受病魔摧残的情况之下写出过书。奥氏的书的问世，体现了具体的一个人在对自己的精神要求和毅力考验两方面所达到的卓绝。体现了人与生命之战中的尊严。体现了不能不令人钦佩的顽强的生命态度。

而这就使他的名字具有了跨国界的征服性的影响力。

我们从奥氏的日记中得知，曾有人企图游说他到国外，进一步说是到美国去，并断言，在美国，他将受到像对待“圣者”一样的礼遇。

他严词拒绝了。

这一件事说明——如果他愿意忘记自己是本阶级的一名忠诚战士的时代角色，那么他会获得似乎更高级的桂冠。他更愿是阶级的战士，而轻蔑去做“圣徒”。他的拒绝和轻蔑，自然引起本阶级的更大的更由衷的敬意。如果苏维埃共和国与西方世界并非政治对峙势不两立，那么奥氏到美国去接受治疗遂成正常之事。美国人乐于给他戴上“圣者”的桂冠，便不至于影响他首先是忠诚的阶级战士的光荣。但七八十年前不是那样的时代。如果保尔的书，内容讲述的仅仅是爱情，那么他的书或许在今天仍被列为经典，但他当年又未必会获得列宁勋章。他的书中主要地写了对革命信念的坚定不移,连爱都不可动摇。一位无产阶级的英雄所应具备的因素,奥氏和保尔身上是全部具备着了。对于他的阶级,他几乎是楷模式的英雄。

《国际歌》是全世界无产阶级的"伊妹儿"。当苏维埃共和国的诞生令世人瞩目时,中国仍处在半封建半殖民地而又军阀混战哀鸿遍野山河破碎之境。中国要变成苏联,便需有人甘学保尔。这就是为什么保尔也成了当年许许多多中国革命青年的榜样的历史原因。对于当年那许许多多热血的愿以自己的一生奉献给理想的主义的中国革命青年,保尔这个名字就是革命的代名词,就是信仰的代名词,就是无怨无悔的人生的代名词……这是没什么可怀疑的。

然而我少年时初读《钢铁是怎样炼成的》,竟是被书中的爱情章节所吸引。

我是知青以后,保尔参加修筑铁路的章节经常重现在我脑海。因为类似的艰苦,我也曾亲历过。确乎的,当我觉得自己快坚持不下去的时候,我每对自己暗说:"我得学保尔……"

在我成了作家以后,体会到了写作是相当熬耗心血之事,于是奥氏在双目失明全身瘫痪的情况下完成他的书,使我每一想到便油然而生敬意……

近年,我的同龄人中,也开始有人匆匆而逝了。只有到了不惑之年,才觉人生的短暂与无常。于是自然也会自己对自己叩问人生的意义。事实上我相信许许多多的人都这样叩问过自己。

"活着,并且工作着,这是多么美好的事情啊!"倒是苏联革命导师列宁的这一句话,比之保尔·柯察金的名言,对于我们当代人的人生观具有着更寻常而又更永远的启示。

我认为，一切的英雄，包括阶级的英雄们，身上一定具有人类精神的某种诗性。反此而言，普罗米修斯、高尔基小说中的丹柯，以及保尔·柯察金，乃是具有某种艺术美感的人物。人类的历史沧海桑田——哲学告诉我们，一个人涉足江河，他或她的脚既在江河中，也不在江河中。因为淹没其足的那一段水流早已荡荡而去，飞矢在某一时间的点上既在某一空间，又不在某一空间。“飞矢不动”是唯心主义，“飞矢未停”是形而上学。

阶级的英雄在当代一些人心目中既可能仍是英雄，也可能不再具有英雄的色彩——因为造就他们的那一页历史，早已被翻了过去。他们既在英雄的坐标上，也已不在英雄的坐标上——因为一些人已不再会站在阶级的立场上以阶级的眼光阶级的感情看待事物。正如北极的爱斯基摩人不可能像南极的人一样理解椰子的意义……然而，英雄毕竟有它的阶级性，保尔等英雄人物所昭示的革命英雄主义精神是永存的也是不朽的。

使阶级的英雄重新回到现实中来并使当代人感到亲和，只有从他们身上发现英雄们的共同诗性别无他法。

普罗米修斯盗火者的形象是悲剧意味的诗性——他不在上帝面前替自己辩护，也不希图下界凡人们的感恩。他那样做仅仅因为他觉得他应该那样做，他因他那一种神祇本能的悲悯而苦难……

丹柯的知识者形象是崇高意味的诗性——在黑暗和无边无垠的泥淖中，他扒开了他的胸膛掏出他的心高擎在掌上，于是那颗心像灯一样发出光辉，照亮了忘记从何而来也不知向何而去的人们的视野，使人们得以选择一条路途走出绝境。他倒下去时，他的心被踏碎在人们的脚窝中，像天上的星星般闪烁。

保尔·柯察金战士的形象具有阳刚意味的诗性——他在他所处的那个时代，他确信他所献身的大事业是导引他的阶级获得彻底解放的唯一又正确的目标。在这一点上，他几乎是一名“天生”的战士，如同库图佐夫是“天生”的军事指挥家，巴顿是“天生”的将军，拿破仑是“天生”的统帅。他的献身也是缘于悲悯。他因他那一种阶级战士对本阶级命运的本能的关怀而无怨无悔……

在神祇、知识者与战士的身上，具有着内容本质上一致的悲悯，因而具有着一致的诗性。表现那诗性，是艺术永远值得的尝试。

当库图佐夫大败拿破仑时，后者留下一封信给前者——简短的一句话写的是——“看在上帝的分上，请对我的法国士兵仁慈一些！”

当伫立高坡的库图佐夫，通过望远镜看着在冰河中可怜沉浮徒做挣扎的战败国的士兵，亦不禁地发出一声叹息——上帝宽恕我……

当“二战”结束以后，巴顿无所事事地在将军府周围遛狗时，他在心中默默地对自己说：难道，对于美国，我将成了一个无用的人吗？

当保尔·柯察金由战士成为一个需要别人照顾的人的时候，他问自己：我还能为革命做什么？

这种自问确乎包含这样的意味——他愿为他的阶级将他生命这颗果子的最后一滴果汁榨干。

奥氏在日记中写到了这样一件事：一位他也认识过的备受人们尊敬的女性革命领导者，因自己患了绝症，不能再为革命做什么而自杀了。世人自会对此评说纷纷。而奥氏认为，那乃是革命者做出的最尊严的决定。

他竟没有效仿地做出这一决定，因为他觉得他这一颗生命的果子还能为他的阶级榨出一滴果汁——那就是他后来写成的书……

如果说保尔仅仅是他的阶级义无反顾的战士，那么奥斯特洛夫斯基不仅仅是——他的书出版以后不久，“二战”爆发了。他的书鼓舞了千千万万苏维埃共和国的儿女同仇敌忾奔赴前线；他们呼喊着“为了保尔兄弟”冲锋陷阵，流血牺牲；他与前线战壕里的红军战士通电话，向他们说出字字铿锵的话语——“为了和平，消灭法西斯！”他自己和他的保尔的名字，“分娩”了另一位苏联女英雄——那就是卓娅……

因而我们不能不承认，奥氏也是一位特殊的反法西斯战士。这一点比他是阶级的战士尤其光荣。苏联人民对他的崇敬，更主要是基于此点。只不过此点在我们中国几乎不曾被提及。

敬畏为何在中国水土不服？

畏是连动物也有的表现。畏极于是害怕，怕极于是恐惧。畏之表现，不敢轻易冒犯耳。此点在动物界，比在人类社会更加司空见惯。因所谓动物界，乃杂类同属。而人类的社会，毕竟是同类共处。

在动物界，大到虎豹狮熊、象犀鳄蟒，小到蜈蝎螳螂、甲虫蝼蚁，若遭遇了个碰头对面，倘都是不好惹的，并且都本能地感到对方是不好惹的，便相畏。常见的情况是，彼此示威一番之后，各自匆匆抹身而去。

在人类，这种情形每被说成是——各自心中掂量再三，皆未敢轻举妄动，明智互避。确乎，此时之互避，实为明智选择。但如果一方明显强势，一方明显弱势，那么无论在动物界还是在从前的人类社会，后者之畏，不必形容。为什么要强调是从前的社会呢？乃因从前的社会，人分高低贵贱的种种等级。这一种分，延及种族、姓氏与性别。小官见到大官、大官见到皇帝乃至皇亲国戚，也是不可能不畏的。在种族歧视猖獗时代的美国，黑人远远望见白人，通常总是会退避开去的。大抵如此。

在特别漫长的历史时期内，畏是人类社会的潜规则，也是人类心理的一种遗传基因。故那时的"民"，快乐指数是很低的，须活得小心谨慎，战战兢兢。因为他的天敌不但有动物界凶猛邪毒的大小诸类，还有天降之灾，更有形形色色自己的同类。"宦海多厄""如履薄冰""官大一级压死人""伴君如伴虎"，这些文言俗语，或是受畏压迫的官们的自白，或是看得分明的非官场人士们的观察心得。官们尚且活得如此不潇洒，百姓们又哪里来的多少快乐呢？故很久很久以前的"民"，又被称为"草民""愚民""贱民"。不仁的权贵者可践踏也，可羞戏也，可欺辱也。

现代了的人类社会的标志之一是人格的互尊，人权的平等。人格是译语，最直接的意思其实是"界"，暗示着彼人也，吾亦人也，同属"人"界，勿犯于我的思想。一言以蔽之，"天赋人权"，人皆站在同一地平线上。

由是，在人类的社会中，人畏人的现象，便渐渐少了许多。

人遭动物的进攻和伤害的几率少了，人对自然灾害的预知能力提高了，抗击能力增强了，控制能力加大了。人对人的畏，如上所述，也几乎全变成历史记忆了——那么，人是否就可以变得天不怕地不怕了呢？

人类感到人类还不应该这样。

因为现代了的人类，头脑是更智慧了。而天不怕地不怕是反智慧的，正如宇宙是无边无际的不符合人的思维逻辑。

于是我们人类从以往的宗教中、文化中、习俗中，筛选出某些仍有必要保留，保留将有益无害的成果，加以补充，加以修正，加以完善，加以规范，使之成为原则，并以另一种畏的虔诚态度对待之，便是敬畏。

值得人类敬畏的事已经不多了，却更有质量了。

比如法律，人类每曰之为“神圣的法律”。法律无情，故人畏之；法律公正，故人敬之；法律的天平一旦歪斜，全社会的心理平衡便紊乱了。所以人需要对法律保持敬畏，这种敬畏符合普遍之人的理性。

但世界上所有的法典加在一起，也还是不能尽然解决人类社会的全部是非问题。有相当多归不进法律的是非问题，依然和人类的心是怎样的有关。

所以除了法律，人类的文化主张还要敬畏良心的谴责。良心者，好的心。善为好，故良心首先是善良的心。倘不善良，一颗搏动了80年的心，即使还像运动健将的心一般跳得强劲有力，那也只能说是一颗好的心脏而已。这样的人，是没良心可言的。没良心可言的人之好难以长久，虽不好但也不至于坏的人，其坏是迟早之事。因为，他以为他没犯法，而实际上，他已站在法律电网的边沿，任何一阵诱惑的风，都极可能使他跌入犯法的罪过坑里。并且，站在法律边沿之人，每有一种试探法律权威的冒险念头，以及擦边而过的侥幸者的沾沾自喜，这也都是最终导致其跌下去的原因。

良心不在法律的边上。良心在法律的上空，无时无刻地照耀着法律，故良心又叫“天良”，虽无形，但有质。倘无良心的照耀，连法官也会成为坏法官，结果导致法律腐败。故，人类也要敬畏天良之谴责。生命不仅对人只有一次，对一切生物也只有一次。故生命对一切使地球现象丰富的、美好的、有趣的生物，不但是宝贵的，而且具有神圣性。除了不仅有害于人类，同时也有害于绝大多数别种生物的害虫、病菌，人也应对一切生命予以珍视。爱一物之生，怜一物之死，此曰敬畏生死。敬生不等于畏死，畏死乃指不敢于轻生。既不轻人类自己的生，也不轻别种生物的生。并且，连对尸体也当尊重。

“天地有定律，四季有成规，万物有法则。”人还应敬畏于自然界的秩序。急功近利地或无端地破坏自然秩序的行为，将使人类受到严厉惩罚。所幸，今日之人类，对此有共识。

敬畏非是由畏而敬。害怕的心理，其实不能油然转化为敬意。敬畏乃指由敬而生的尊重，不是畏别的，畏己之冒犯之念也。一个人也罢，一个民族也罢，一个国家也罢，倘几乎没有什么敬畏，是很可怕，最终也将是很可悲的。

我们中国，时至今日，是有敬畏之心的人多呢，还是无敬畏之心的人多呢？这是一个我们中国人必须正视，并且必须做出诚实回答的问题。

由此而想到——有轻生少女犹豫于高楼，我同胞围观“白相”者众，且有人喊：“姐们儿快跳啊，别让大家等急了！”

由此而想到——七八个大学学子为救溺水儿童，其中三人献出宝贵生命，所谓“捞尸船”上的人，竟以铁钩钩肤、绳索系腕，任几小时前还是朝气青年的尸体浸泡江中，却指手画脚，狮子人张口，在船头、岸上抬高其价！

那三名大学生孩子，真是死得让人心疼，死后还让人心疼！那些个“捞尸人”，那样子对待同胞，那样子对待同胞中的殉身的孩子，还有半点儿天良吗？鲁迅说：“救救孩子！”而我要说：“救救大人！”谁帮中国的某些大人们，找回敬畏之心，找回天良！连大人都越来越丧失了的，又凭什么指望我们的孩子们会自然而然的有！

羞于说真话

无奈在非说假话不可的情况下，就我想来，也还是以不完美的假话稍正经些。

一生没说过假话的人肯定是没有的。故我认为尽量说真话，争取多说真话，少说假话，也就算好品质了。何况我们有时说假话，目的在于息事宁人。有时真话的破坏性，是大于假话的。这个道理我们都很明白。但如果人人习惯于说假话，则生活必就真假不分了。然而我却越来越感到说真话之难。并且说假话的时候越来越多。

仿佛现实非要把我教唆成一个"说假话的孩子"不可。

说真话之难，难在你明明知道说假话是一大缺点，却因这一大缺点对你起到铠甲的作用，便常常宽恕自己了。只要你的假话不造成殃及别人的后果，说得又挺有分寸，人们非但不轻蔑你，反而会抱着充分理解、充分体谅的态度对待你。因此你不但说了假话，连羞耻感也跟着丧失了。于是你很难改正说假话的缺点，甚至渐渐麻木了改正它的愿望。最终像某些人一样，渐渐习惯了说假话。你须不断告诫自己或被别人告诫的，倒是说假话的技巧如何，说真话还是说假话的选择倒变得毫无意义了似的。

记得我小的时候，家母对我的第一训导就是——不许撒谎。因为撒谎，我挨过母亲的耳光；因为撒谎，母亲曾威逼着我，去请求受我骗的人原谅，并自己消除谎话的影响。

“文化大革命”中，我学会了撒谎。倒也没什么人、什么势力直接压迫我撒谎，更主要的是由于撒谎和虔诚连在了一起。说学会了也不太恰当，因为没人教，就算无师自通吧。

有一天我和同学中的好朋友从学校走在回家的路上，谈起了“林副统帅与毛主席井冈山会师”。

我说：“是朱德嘛！怎么成林副统帅了？咱们小学六年级的历史书上，明明写的是朱德对不对？”——因朱总司令已上了“百丑图”。我们提到他时，都将“总司令”三字省略了，直呼其名。

同学说：“那是被颠倒的历史，被颠倒的历史现在重新颠倒过来嘛！”我说：“那也不对呀，林彪当时才是连长呀！”同学说：“那也是被颠倒的历史，现在也应该重新颠倒过来嘛！”我说：“当年咱们又不在红军的队伍中，咱们怎么能知道那真是被颠倒的历史呢？”

同学说：“当年咱们又不在红军的队伍中，咱们怎么能知道那不是被颠倒的历史呢？咱们左右都是不知道，将来再颠倒一次，也不关咱们的事儿！”

正是从那一天始，我和我的那一位同学，将撒谎和虔诚分开了。难免继续说谎话，但已没了虔诚。前几年，有位外国朋友，问我在“文化大革命”中说假话时有何感想。

我回答：“明明在说假话而不得不说，我便这样安慰自己——反正人一辈子总要说些假话，赶上了亿万群众轰轰烈烈都说假话的年代，把一辈子可能说的假话，一块儿都在这个年代里说了罢！这个年代一过去，重新做人，不再说假话就是了。”

外国朋友又问：“那么梁先生从粉碎‘四人帮’以后，再没说过假话了？”问得我不由一怔。犹豫片刻，我说出一个字是：“不……”我因自己没有失掉一次说真话的机会，对自己又满意又悲哀。外国朋友流露出肃然起敬、钦佩之至的表情。我赶紧说："我说'不'的意思，是我没有做到不说假话。"我想，如果我不解释，我说的这一个字的真话，实际上岂不又成了假话么？外国朋友也不由一怔，她问："那又是因为什么？"我说："一方面，我感到并不是所有的地方都已经有了一个维护真话的良好环境。另一方面，大概要归咎于我们有说假话的后遗症。"

她问："报纸、广播，不少宣传手段，不是都曾被调动起来，提倡、鼓励和表扬说真话么？"

我说："这恰恰证明假话之泛滥是多严重啊。倘若说真话需郑重地提倡、鼓励和表扬，细想想，不是有点儿可悲么？"

她问："妨碍说真话的根源，主要是政治吧？"

我说："那倒不尽然。在党内，将说真话作为对党员的最基本要求一提再提，足见共产党还是多么希望党员们都说真话的。我不是党员，但对此确信不疑。而我感到，社会上似乎弥漫着将说假话变成一种社会风情的怡然之风。"她不懂"怡然"二字何意。我请她想像小孩子玩"到底谁骗谁"这一种纸牌游戏获胜时的洋洋自得。

她说："梁先生，可是据我所知，你被认为是一个坚持说真话的人啊！"

我说："我当然坚持说真话。坚持并不是一个轻松的词。况且我常常坚持不住。在上下级关系方面，在社交方面，在工作责任感方面，在一心想要做好某件事的时候，在根本不想做某件事的时候，在不少方面，不少因素迫使你就范，不得不放弃说真话的原则，改变初衷，而说假话。常常是，哪些时候哪些方面有困难有问题，你说了假话，困难和问题就迎刃而解了。你说了真话，困难就更是困难，问题就更是问题了。我说过多少假话只有我自己最清楚。我仅仅在某些时候某些场合说过一些真话，人们就已经觉得我有值得尊重的一面，可见说真话在我们的生命中到了必须认真提倡的程度。”

她注视着我，似能理解，亦似不太能理解。

…………

后来，我和一位友人又讨论起说真话的问题。是的，我们是当成一个问题来讨论的，而且讨论得挺严肃。

我又回忆起我小时候因为撒谎，使得母亲怎样伤心哭泣，以至于怎样打了我一记耳光，和对我进行过的撒谎可耻的教诲……

我也讲到我的已经七十多岁的老母亲，如今怎样仍把我当成一个小孩子似的，耳提面命，谆谆告诫我：“傻儿子，你究竟为什么非说真话不可呢？该说假话你不说假话，你岂不是不见棺材不落泪，不碰南墙不回头么？你已经四十出头的人了，还让妈为你操心到多大岁数呢？”

友人默想良久，严肃而又认真地说：“你母亲是对的。”

我问：“你是说我母亲从前对，还是说我母亲现在对？”

他说：“你母亲从前对，现在也对。”

我糊涂之极。

他诲人不倦地说：“撒谎是可耻的，这毋庸置疑，所以我说你母亲从前是对的。但说假话并不等于就是撒谎，甚至，和撒谎有本质的区别。”

这一点，我的确没思索过。

我一向简单地认为，撒谎——说假话，乃是同性质的可耻行径，好比柑和橙是同一种东西。于是我洗耳恭听，于是友人娓娓道来：“撒谎，目的在于骗人。在于使人上当而后快，是行为。行为——听明白了么？撒谎之后果必然造成他人的损失，起码是情绪或情感损失。更严重的，造成他人利益损失，所以正派人是不应该撒谎的。而说假话，不过心口不一而已。心口不一不是严格意义上的行为概念，通常情况之下体现为态度问题。一个人对于任何一件事，有表明自己真态度的权利，也有说假话的权利。听明白了，说假话是人的权利之一。假话是否使对方信以为真，以及在多大程度上影响了对方，责任完全在对方。因为任何人都有不相信假话的权利。谁叫你相信的呢？举一例子，我们小学都学过《狼来了》这篇课文，那个撒谎的孩子之所以应该谴责，不可取，是因为他以主动性的行为，诱使众多的人上当受骗。如果你一个同事告诉你，他在西单商场买了一件价格便宜的上衣，并用花言巧语怂恿你去买，你果然去了，可是却没有那种上衣出售，或虽有，价格并不便宜，是谓撒谎，很可恶。但是，说假话的人之所以说假话，往往是被动的选择，通常情况是这样的——一个人指着一个茶杯问你——造型美观吗？你认为不。但你看出了对方在暗示你必须回答美观极了，于是你以假话相告。你又何必因说了假话而内疚呢？如果对方具有问你的权利，你连保持沉默的权利也没有，而对方又问得声色俱厉，带有警告的意味，你更何必因说了假话而内疚呢？如果对方信了你的话，那么对方只配相信假话。如果对方根本不信你的假话，却满意于你说假话，分明是很乐意地把假话当真话听，可悲的是对方，应该感到羞耻的也是对方。对应该感到羞耻而不感到羞耻的人，你犯得着跟他说真话么？老弟，你看问题的方法，带有极大的片面性。你只看到人们在生活中说假话的一面，似乎没有看到生活中有多少人喜欢听假话。早已习惯于把假话当做真话听。他们以很高的技巧，暗示人们说种种假话，鼓励人们说种种假话，怂恿人们说种种假话，甚至维护种种假话。他们乐于生活在假话造成的氛围之中。他们反感说真话的人，因为真话常使他们觉得煞风景，觉得逆耳。一万个人或更多的人心口不一,他们根本不在乎。他们要的是一致的假话而轻蔑一致的人心。正是这样一些人的存在,使说假话变成了似乎可爱的现象。所以,与其惩罚说假话的人,莫如制裁爱听假话的人。因为少了一个爱听假话的人的同时,也许就少了一批爱说假话的人。人们变得不以说假话为耻,首先是由于有些人变得以听假话为荣啊!另外,老弟,因为咱俩是朋友,我向你提几个问题,你坦率回答我……”

我似乎茅塞顿开,有所省悟,又似乎更加糊涂,如坠五里雾中,只说:“请讲,请讲。”

“你说真话时,是不是感觉到一种人的尊严?”

我说是的。

“当别人都说假话时,你偏想说真话,以说真话而与众不同,并且换取尊重,这是不是一种潜意识方面的自我表现欲在作祟呢?”

我从未分析过自己说真话时的潜意识,倒是常常分析自己说假话时的潜意识。尽管我似乎觉得“作祟”二字亵渎人说真话时自然、正常而又正派的冲动,但也同时尊重潜意识之科学理论。犹豫了一下,我点了点头。

“难道出风头就比说假话好到哪里去么?”

“强词夺理!”我终于按捺不住内心的气愤了。

友人自然是不屑与我斗气的。友人嘛!

他笑曰:“瞧你瞧你,也听不得真话不是?一听真话也羞也恼也要跳不是?能听得进真话并不是舒服的事哩,是一种特殊的,有时甚至非强制而不能自觉的训练啊!”

一番话,倒真把我说得虽恼羞而又不好意思成怒了。友人谈锋甚利,其言自是,又道:“你不要以为别人不说真话,便一定是怎样的‘观’风使舵。其实,不屑于而已。与人家的不屑于相比,你自己每每足令大智若愚者扼腕叹'憨'罢了!"

友人辞去,我陷入前所未有的困惑。

后来,我又向几个惯常说假话,却又能与我推二三层心至腹外之腹的人请教。

皆答曰:

懒得说真话。

何必说真话?

说真话,图什么?

我相信他们对我说的话句句是真话,所谓酒后吐真言。为了这样一些真话,我奉献出了几瓶真的而不是假的好酒,还有佐酒菜。从此,我观察到,假话是可以说得很虔诚、很真实、很潇洒、很诙谐、很郑重、很严肃、很正确、很令人感动、很精彩、很精辟的。从此,每当我产生说真话的冲动,竟有几分羞于说真话的腼腆,在意识——当然是潜意识中作梗了!

后来我做过一个梦:我因12条大罪被判12年徒刑。我望着法官们的面孔,觉得他们一个个似曾相识。我看出他们明知所有大罪都是无中生有,但他们一个个以假话把它说成是真的。他们那些假话同样说得水平很高,包容了我从生活中观察到的一切形式完美的假话之最……

我忍无可忍咆哮公堂大喝一声——可耻!于是我醒了,我愿人人都做我做过的这个梦。那么人人都将不难明白,仅仅为了自己,也断不该欣赏假话,将说假话的现象,营造成生活中氤氲一片的景致。无奈在非说假话不可的情况之下,就我想来,也还是以不完美的假话稍正经些。不完美的假话仍保留着几分可矫正为真话的余地啊!

权利与金钱

1979 年春，全国第四次高等教育会议在北京西苑召开，各新闻和文艺单位派代表列席参加。我作为北影厂代表，参加了华南大组学习讨论。会议最初几天，讨论内容是肃清“四人帮”极“左”教育路线的流毒，发言踊跃热烈。

“工农兵学员”——这建国 30 年来“高教”大树上结下的“异果”，令每一位代表当时都难以为它说半句好话。而每一位发言者，无论从什么角度什么命题开始，最终都归结到对“工农兵学员”的评价方面。不，似乎不存在评价问题——它处于被缺席审判的地位。如果当时有另外一个“工农兵学员”在场的话，他或她也许会逃走，再没有勇气进入会议室。

我有意在每次开会前先于别人进入会议室，坐在更准确说是隐蔽在一排长沙发后不易被人发现的角落。我负有向北影编辑部传达会议情况和信息的使命，我必须记录代表们的发言。

我是多么后悔我接受了这样一个使命啊！然而我没有充分的理由要求领导改换他人参加会议。第三天下午，还有半个钟点散会，讨论气氛沉闷了。几乎每个人都至少发过两次言了。主持讨论者时间观念很强，不想提前宣布散会，也不想让半个钟点在沉闷中流逝。他用目光扫视着大家，企图鼓励什么人做短暂发言。

他的目光扫视到了我，我偏偏在那时偶然抬起了头。于是我品质中卑俗的部分，一瞬间笼罩了心灵，促使我扮演了一次可鄙而可怜的角色。

"你怎么不发言啊？也谈谈嘛！"主持者目光牢牢盯住我。多数人仿佛此刻才注意到我的存在，纷纷向我投来猜测的目光。大家的目光使我很尴尬。

坐在我前面的人，都转过身瞧着我，分明都没想到沙发后隐藏着我这么个人。我讷讷地说："我……我不是工农兵学员……"几乎是不由自主地这么说了。这是我以列席代表身份参加讨论三天来说的第一句话，当着许多白发苍苍的老教授们说的第一句话，当着华南大组全体代表说的第一句话。

谎话，是语言的恶性裂变现象。说一颗纽扣是一颗钻石，并欲使众人相信，就得编出一个专门经营此种"钻石"的珠宝店的牌号，就得进一步编出珠宝店所在的街道和老板或经理的姓名……

我说，我是电影学院导演系"文革"前的毕业生。我说，某某著名电影导演曾是我的老师。我说，如果不发生"十年动乱"，我也许拍出至少两部影片了……为了使代表们不怀疑，我给自己长了五岁。散会后，许多人对我点头微笑。"文革"前的毕业生，无论毕业于文、理、工学院，还是毕业于什么艺术院校，代表们都认为是他们的学生。

会议主持者在会议室门外等我，和我并肩走入餐厅。边走边说，希望我明天谈谈"四人帮"所推行的极"左"教育路线，对艺术院校教育方针教育方向的干扰破坏。

我只好极其"谦虚"地拒绝。

我不是一个没有说过谎的人。但是，跨出复旦校门那一天，我在日记上曾写下过这样的话："这些年，我认清了那么多虚伪的人，见过那么多虚伪的事，听过那么多谎话，自己也违心地说过那么多谎话，从此我要做一个诚实的人……"

我这“要做一个诚实的人”的人，在许多高等教育者面前，撒了一次弥天大谎！

那的确是我离开大学后第一次说谎，不，第二次。第一次是——我打了“潘冬子”一记耳光而说是“跟他闹着玩”。我第二次说谎，像一个谎话连篇的人一样，说得那么逼真，那么周正。

我内心感觉羞耻到了极点。一个毕业于名牌大学的青年，仅仅由于在某一个不正常的时期迈入了这所大学的校门，便如同私生子隐瞒自己的身世，在许多高等教育者面前隐瞒自己的“庐山真面目”，真是历史的悲哀！

就个人心理来说，这是十分可鄙的。

但这绝非我自己一个“工农兵学员”的心理。这种心理，像不可见的溃疡，在我自己心中，也在不少“工农兵学员”心中繁殖着有害的菌类。对于一个国家的高等教育，又多么可悲！宛如太上老君的“炼丹炉”中倒出了“山楂丸”。

我的谎话，当晚就被戳穿——我们编辑部的某位领导来西苑看望在华南组的一位老同事……我不晓得。第二天，我迟到了十分钟。在二楼楼口，被一位老者拦住。他对我说：“你先不要进会议室。”我迷惑地望着他。他又说：“大家已经知道了。”我问：“知道什么了？”“知道你是一个‘工农兵学员’。”他那深沉的目光，严肃地注视着我。我呆住了。他低声说：“大家很气愤，正议论你。你为什么要扯谎呢？为什么要欺骗大家呢？”他摇摇头，声音更低地说：“这多不好，这真不好！有的代表要求向大会简报组汇报这件事啊！”不但不好，而且很糟！在全国“高教”会上，在粉碎“四人帮”后，谎言和虚伪正开始从崇高的教育法典中被肃清，一位列席代表，一位“工农兵学员”，却大言不惭地自称是“文革”前电影学院导演系的毕业生，这的确是太令人生气了。

我垂下了头，脸红得发烧。我羞惭地对那老者说："您替我讲几句好话吧，千万别使我的名字上简报啊！"他说："我已经这样做了。"他的目光那么平和。平和的目光，在某些时刻，也是最使人难以承受的目光。我觉得他那目光是穿透到我心里了。

他说："我们到楼外走走好吗？"

我默默地点了一下头。

我们在楼外走着，他向我讲了许多应该怎样看待自己是一个"工农兵学员"的道理。当他陪着我走回到会议室门前，我还是缺乏足够的勇气进入。

他说："世上没有一个人敢声明自己从未说过谎，进去吧！"挽着我的手臂，和我一起进入了会议室。那一天我才知道，这位令我感激不尽的老者，原来是老教育家吴伯萧。吴老是我到北京后，第一个引起我发自内心的无比尊敬的人。"高教"会结束后，他给我留下了他家的地址，表示欢迎我到家中去玩。那时他家住沙滩，我到他家去过两次。第一次他赠我散文集《北极星》。第二次他赠我散文集《布衣集》，并赠一枚石印，上刻"布衣可钦"四字，他亲自替我刻的。两次去，都逢他正伏案写作。一见我，他立刻放下笔，沏茶，找烟，面对面与我相坐，与我交谈。他是那么平易近人，简直使我怀疑他是个丝毫没有脾气的人。他脸上的表情总是那么安详。与我说话时，眼睛注视着我。听我说话时，微微向我俯着身子。他听力不佳。我最难忘的是他那种目光，那么坦诚，那么亲切，那么真挚。注视着我时，我便觉心中的烦愁减少了许多许多。

那时他家的居住条件很不好。因附近正在施工，院落已不存在。他家仅有两间厢房。每次接待我的那一间，有十三四平方米左右，中间以木条为骨，裱着大白纸，作为间壁。里边一半可能是他的卧室，外边一半是他的写作间。一张桌子，就占去了外间的大部分面积。我们两人落座，第三个人就几乎无处安身了。房檐下，生着小煤炉，两次去他家都见房檐下炊烟袅袅，地上贴着几排新做的煤饼子。

我问他为什么居住条件这样差？他笑笑，说："这不是蛮好吗？有睡觉的地方，有写作的地方，可以了。"告辞时，他都一直将我送到公共汽车站。

我向他倾诉了许多做人和处世的烦恼，他循循善诱地开导了我许多做人和处世的道理。

他这样对我说过：多一分真诚，多一个朋友；少一份真诚，少一个朋友。没有朋友的人，是真正的赤贫者。谁想寻找到完全没有缺点的朋友，那么就连他自己都不可能成为他的朋友。一个人有许多长处，却不正直，这样的人不能引为朋友。一个人有许多缺点，但是正直，这样的人应该与之交往。正直与否，这是一个人品质中最重要的一点。他的朋友们是你的镜子。你交往一些什么样的朋友，能衡量出你自己的品质来。我们常常是通过与朋友的品质的对比，认清了我们自己实际上是一个怎样的人……

我们北影的一位同志，从前曾在吴老领导下工作过。他敬称吴老为自己的"老师"——他已经是四十五六岁了。

我常于晚上看见他在厂院内散步，却从未说过话。

有次我们又相遇，他主动说："吴老要我代问你好。"

我们便交谈起来，主要话题是谈的吴老。

他告诉我这样一件事：当年他与六个年轻人在吴老直接领导之下工作，某天其中一人丢了 200 元钱，向吴老汇报了。吴老嘱他不要声张，说一定能找到。过了几天,6 个年轻人都在场的情况下,吴老将 200 元钱交给失主,说:“你的钱找到了。不知是哪位同志找到后放到我抽屉里了。”失主自然非常高兴。当天,又有 200 元钱出现在吴老抽屉里。原来他交给失主的那 200 元钱,是他自己的。但对这件事,他再也没追究过。6 个年轻人先后离开他时,都恋恋不舍,有的甚至哭了……

“因为吴老当时很信任我,只对我一个人讲过这件事。”我那位北影的同事说,“吴老认为,究竟谁偷了那 200 元钱,并不重要。重要的是,6 个年轻人中,有一个犯了一次错误,但自己纠正了。这使人感到高兴啊!”

听了这件事以后,我心中对吴老愈加尊敬。他使我联想到了苏联教育家马卡连柯。

对年轻人宽宏若此,真不愧老教育家风范。

因吴老身体不好,业余时间又在写作,我怕去看望他的次数多了,反而打扰他,再未去过他家。

我最初几篇稚嫩的小说发表,将刊物寄给他。

他回信大大鼓励了我一番,而且称我“晓声文弟”,希望我也对他的作品提出艺术意见,使我愧怍之极。

信是用毛笔写的,至今我仍保存。

半年后,我出差在外地,偶从报纸上看到吴老去世的消息,悲痛万分。将自己关在招待所房间里,失声恸哭一场……

《北极星》和《布衣集》,我都非常喜爱。我们中学时期语文课本中一篇《延安的纺车》,便收在《北极星》中。但相比之下,我更喜爱《布衣集》。

我将《布衣集》放在我书架的最上一档,与许多我喜爱的书并列。

吴老,吴老,您生前,我未当面对您说过这句话,如今您已身在九泉之下，我要对您说——您是我在北京特尊敬的人。不仅仅因为当年您使我的姓名免于羞耻地出现在全国第四次“高教”会的简报上，不仅仅因为您后来对我的引导和教诲，还因为您的《布衣集》。虽然它是那么薄的一本小集子，远不能与那些大部头的长篇小说或什么全集、选集之类相比，虽然它没有获得过什么文学奖。您真挚地召唤却在思想上、情操上实践着“布衣精神”。这种精神目前似乎被某些人认为已经过时了，似乎已经不那么光荣了，似乎已经是知识分子的“迂腐”之论了。

您在给我的信中却这样写道：“我所谓的‘布衣精神’，便是不为权、不为钱、不为利、不为名、不为贪图个人一切好处而思想、而行为、而努力工作的精神。知识分子有了这种情况，才会有知识方面的贡献。共产党人有了这种精神，才会有实现共产主义理想方面的贡献。因而‘布衣精神’不但应是中国知识分子的精神，尤其应是中国共产党人的精神……”

吴老，您是知识分子，您亦是老共产党员。从这两方面，我都敬您。您是将“布衣精神”作为一个知识分子的品格原则的，也是作为一个共产党人的品格原则的。您对这种精神，怀着一种儿童般的执著锲而不舍。但愿我到了您那样的年纪，能有资格毫不惭愧地对自己说：“我不为权、不为钱、不为利、不为名，清清白白地写作，清清白白地做了一辈子人，没损害过侵占过或变相侵占过老百姓一丁点儿利益！”

如今穿布衣的知识分子少了，穿布衣的共产党人少了，穿布衣的共产党的领导干部少了。因为有了的确良、的卡、混纺、其他什么什么的。共产党如果成了布衣党，在今天未免滑稽可笑。但共产党如果成了失掉“布衣精神”的党，那则不滑稽也不可笑了，而令人心中产生别的一番滋味了！

你正是在身后留下“布衣精神”的一息微叹，召唤着一种党风，召唤着一种党的干部之风啊!

现实真真有愧于您生前那儿童般执著的信念和寓言般朴素的思想啊!我们这个国家,我们这个民族,因民族心理的积淀和种种历史渊源所致,一向是崇尚权力的。而封建王权便是以这种崇尚为其社会基础的。这是我们民族愚昧的一面。人类不应受王权的统治,而只应受知识的统治。这叫人类文明,或曰“精神文明”。有一个时期我们的社会似乎有一股崇尚知识的良好风气开始发端,但很快又被对金钱的崇拜所涤荡了。

中国是中国人民的中国。中国的一切财富,巨细无遗,都是中国人民创造的。任何侵吞、挥霍、浪费人民财产的行为,都不应是中国共产党的干部们的行为,都是丑行,都应受到法律的制裁。人民希望是这样。如今人民对党也只有希望而已。希望“对外开放,对内搞活经济”的政策不变;希望党风彻底好转;希望党内有几位“包龙图”,铲除邪恶,辅佐“朝纲”;希望改革之举成绩更大,弯路更少。而最大的希望则是——党内损公肥己、以权谋私者们不再继续下去。人民是既痛恨他们,又拿他们没办法。因为人民已将权力交给了他们,就像李尔王将王杖交给了对自己始而恭顺继而飞扬跋扈的女儿、女婿们一样。

老百姓有句话——“再一再二不可再三”。这也是希望。中国的老百姓是全世界最仁义最厚道的老百姓。哪个国家的老百姓比中国的老百姓更仁义更厚道呢?哪个国家的老百姓比中国的老百姓更善于忍耐。更善于在忍耐之中仍怀抱着不泯的希望呢?以权谋私者,一心只想自己先富起来、全不将人民利益放在心上者,是应该感到羞愧的。

法理与情理

中国人的法制观念正在提高着,这是一件极好的事。提高的标志之一,就是“官司”多了。

有次一位法制报的记者问我——“在法理与情理之间,你更看重法理还是情理?”我说:“涉法言法,涉情言情。”他说:“法理、情理纠缠不清呢?”我想了想,向他举了三个例子:第一个,报载三名小学生,凑了十元钱——甲五元、乙三元、丙二元,合买了五张彩券。当他们分撕五张彩券时,仅出二元钱的那孩子手中的三张彩券,有一张中了奖。

他喜呼:“哈,我中彩啦!”

于是跑回家去。于是家长也跟着兴奋。奖品是一套组合音响、一台冰箱、一台洗衣机。

出了五元钱的孩子和出了三元钱的孩子,心中非常失落,回家与各自父母细说一遍,父母听后,都觉得与情理不通,于是相约了去到那个仅出二元钱的孩子家,对其家长提出分配的要求。那家长不情愿。于是闹到法庭上。

一审判决——谁中了彩,东西归谁。不支持另外两位家长的分配要求。他们不服,上诉。二审判决——既然当时是凑钱合买,足以认定共同中彩。以法律的名义,支持分配要求,并强制执行分配。

三个孩子的关系,原本是很友好的;三家的关系也曾很亲密。经两次上法庭,孩子们反目了,大人们相恶了。

此一俗例，不可效也。法理固然权威，固然公正，但总该也给情理留存点儿现实空间吧？不就是独自获得一样东西与三人各得一样东西的区别么？不就是三千多元的事么？三千多元，真的比三个孩子之间的友好与三个家庭的亲密关系重要得多么？

我认为此事之不通情理，体现在孩子丙的家长身上。主动一点儿，请了另两个孩子的家长来，相互商量着分配，图个共同的喜兴，是多么好的事呢？从此孩子大人的关系，岂不更加相敬相亲了么？"哈，我中彩啦!"此话差矣。三人合买的彩券，只不过由你撕的一张中彩了。那是"我们中彩啦"啊！"我"与"我们"，一字之差，情理顿丧。

究竟什么原因，在利益面前，使我们的孩子变得心中只有"我"，而全没了"我们"的概念呢？

究竟什么原因，在利益面前，使我们的家长们，也变得和自私的孩子一个样，全没了半点儿情理原则了呢？

以法理的名义裁决违背情理的事情，证明着这样的一种现象——人心中已快彻底丧失了情理原则。在这种情况下，法理再权威，再公正，人的法制观念再强，人在现实中的生存质量却显然地下降着。

第二个，报载山东省招远市九曲村党支部书记，出面召集几位村委委员拟定一纸协议，"裁决"他的亲侄子、持枪杀人致死的凶犯赔偿死者家属20万元，死者家属不得向司法机关起诉。"协议"由那村党支部书记、镇党委委员、市人大常委亲笔拟定，在几位村委委员的软硬兼施之下，强迫死者家属接受……

此事件本身已毫无情理可言，非向法理呼吁而难有正义的伸张。倘弃法理而收钱款，不足取也。人或可忍，法不能容。法本身和人一样，亦有原则，不可破也。

第三个，美国有一部电影，片名我忘了，内容是——一名单身青年，与一对夫妇为邻。那对夫妇有一男孩儿，青年爱那孩子如爱自己的孩子。他与他们的关系，当然也就亲如一家。青年为那孩子买了一艘玩具艇，准备在孩子的生日那天相送。两家之间的隔墙有一狗洞，那孩子常从狗洞钻来钻去。一天孩子又钻过青年家这边来，进到屋里，发现了玩具艇，便捧出放在游泳池玩，一失足落入池中，不幸淹死。而那青年当时正在锄草，浑然不知。孩子死后，那青年和孩子的家长一样痛不欲生……

而孩子的父母向法院告了那青年。理由是——你既然发现过我的孩子从狗洞钻来钻去，为什么不砌了那洞？如果砌了那洞，我的孩子会死么？法院判定那青年有责任罪。

那青年也感到自己确有责任罪，不上诉，服判七年。并将自己的一份二十几万美元的人身保险，主动赔偿给那失去孩子的父母，以表达自己的痛悔……

青年服刑后，那一对父母却不感觉有任何安慰。想想既痛失爱子，又使朋友成了犯人，伤心更甚。后来，他们主动退了那青年的赔偿，并撤诉，使那青年重获自由。他们认为，他们死了的爱子，一定希望他们能够纠正前一种做法——如果有所谓天堂的话……此法理与情理纠缠不清之一例也。影片是根据真事改编的。法的条文再周全，也难以包括一切公正。法乎情乎，有时完全取决人心。所以，一句名言是——“普通的良知乃法律的基础”。在民事案中，法理与情理，纠缠不清之时颇多。在民事案中，情理是法理的不在卷条文。故有人在法理上胜诉了，在情理上却“败诉”了。依我看来，此亦不可取也。这种情况之下，我的立场，倒是宁愿站在情理一边的……

读书与人生

(一)

入冬的第一场雪使北京变得有点儿寒冷，很像我的家乡东北。非常感谢大家在这么冷的天里赶到国图来。我和国家图书馆的陈力馆长(主持人)都是中国民主同盟的盟员，我们达成一种默契，民盟的同志为中国文化事业做任何事情，举办一切和振兴文化有关的活动，我们都要踊跃去参加。仔细想来，这世界以前和现在发生着许多灾难性的事件，许多国家还在流血，还有死亡，有这样那样的灾难，而我们这样一些人，在这样一个日子里，聚集在国家图书馆里讨论读书的话题，应该是一件欣慰和幸运的事情。即使在中国也依然如此，我们还有那么多地方没有脱贫，还有那么多孩子想读书、想上学而不能够实现这个愿望。此时此刻我们谈论读书的话题和读书的时光都是一件幸福的事。

(二)

最近我一直在想，一个国家的文化肯定和这个国家的经济、科技的发展有密切联系。当一个国家的经济和科技将要振兴或开始衰退，几乎可以从十年前就看出它在文化上的端倪。20 世纪 90 年代上旬我访问过日本，那时候日本的经济还没有像今天这样呈现比较明显的衰退迹象，但当时我已经非常震惊了。我是第一次到日本，作为一个文化人，我首先利用一切机会考察它的文化，我感到奇怪的是，这个国家的文化在那时已经开始处于颓唐、没落的状况，它的经济为什么还能支撑着呢？我当时不解。后来事实证明它的经济开始衰退了，我从这之间找出了联系。80 年代初，有一批日本七八十年代的电影在中国放映，如《野麦岭》《望乡》，电视剧《阿信》，还有《寅次郎的故事》《幸福的黄手帕》《远山的呼唤》，以及写工业家族的《金环石》《银环石》。再往前看 50 年代的日本电影和书籍，我们发现“二战”后的日本文化由三方面的元素构成：第一个元素是反思意识，第二个元素是卧薪尝胆振兴民族的精神，第三个元素是危机意识。这三种文化因素培养了日本“二战”后的新一代，这种文化背景在他们身上是起了作用的。而到 80 年代后期，在日本的文化中就几乎看不到这样一种反省的意识了，到处呈现着颓唐和没落。我的感觉是，日本文化总想从现实中抓取到能够构成民族和国家精神的那种文化核心，但此时这种文化已经失去了精神核心，处在一种极其颓唐的娱乐状态。1993 年，我和翻译走在银座大街上，翻译指着一个行迹匆匆的男人说：“这是我们日本非常著名、家喻户晓的一个青年主持人，你今晚一定要看他的节目。”那天晚上，我在电视上看到的现场直播节目中，主持人用两团胶泥引出一个话题，他问女性的左乳房和右乳房是不是一样大？令我吃惊的是，竟有那么多的女性上台当场脱下衣服，她们脸上已经没有了女性的任何羞涩感。我看得发愣，这不是午夜 12 点以后的节目，而是黄金段的正规节目，大人孩子都可以看。第二天晚上我走到地铁站口，突然看到电视台摄制组在现场拍摄，内容是从地铁站口出来的年轻女孩子们如果谁能穿上那件价值一万日元的紧身衣，就送给她，当然她必须当场脱下衣服试穿。很多人脱下衣服，虽然是在白布后面，但晚上打着灯会映出一个女子脱衣服的影子来，主持人还时常做些怪脸。美国人写了一本书叫《娱乐至死》，我感觉日本那时的文化就处在一种大面积的娱乐状态，书店里写真集比比皆是。我想到日本曾经拍过那么好的电影，那些电影在资料馆里放映的时候，北影只有专业人员才能够观看，有一次一位老导演居然把数学家华罗庚夫妇请来观看。我们确实感觉到日本电影中有着一种精神。但是当日本文化一旦翻过这一页，进入全面娱乐化的时候，我也非常真切地感受到这种精神的衰落。回国后我曾写过一篇长文叫《感觉日本》，其中写道：我感觉到某些日本的青年，尤其是日本的女青年脸上有一种单纯，但是那样一种单纯使我震惊，几乎和我们汉语中的“二百五”没有什么太大的区别。什么样的文化能使人们变成那样？我觉得文化肯定不只带给人们审美和娱乐，文化还造就一代人。一个国家的科技也罢，精神也罢，它是不是可持续发展，关键还要靠人。虽然此后大江健三郎获得诺贝尔文学奖，渡边淳一、村上春树的作品目前在中国非常时尚、畅销，我的学生中相当一部分都是村上春树的书迷，因此我也很认真地读了他的几本书。我从这些书中也确实看到了日本当代人，尤其是日本当代青年那样一种精神上的迷惘、困惑和颓唐。这和文化有关，这个文化恰恰是当一个国家经历了最艰难的一段历史之后，当一个民族开始享受它的经济、科技、文化成果之后，当这种享受的过程经历了十年之后，上一代人的某种精神可能是会蜕变的。

(三)

至于欧美，娱乐文化是由他们推动和发展起来的。首先美国为世界制造了大面积的娱乐文化，但是美国是一个什么样的国家呢？它的价值观念通过电视，通过一切传媒，通过一切文化艺术的形式（包括书籍）传播着最多元的价值观念。但是在欧美许多国家，你又感觉到它有着国家精神，它有着不变的、万变不离其宗的价值观念。这个价值观念是跟基督教文化有关的。基督教文化的正面，说到底就是自律、平等、博爱，跟启蒙时期最朴素的人文文化部分是相通的。也就是说，西方文化有了这一碗饭垫底，无论多么的娱乐、多么的商业，都不能改变这些国家和地区文化的底色。因此西方的孩子们并不一定要从书本上接受关于人文、同情、博爱、团队精神、责任感，以及关于政治、文明的概念，因为这种文化已经溶解在他们日常的生活中了。西方的孩子从小就懂得撒谎、欺骗、计谋、损人利己，是不光彩的、可耻的、违反道德的。

（四）

文化的影响是什么？我在想文化可否是基因，我认为是可能的，要不为什么说出生于书香门第的人，长大后他身上就有这种气质呢？一定是在一代代的基因里就体现着的。因此美国的孩子即使再娱乐，他从小养成的价值观念是不会动摇的。香港电影演员周星驰被中国人民大学聘为教授。周星驰电影的特色叫“无厘头文化”，在内地，尤其是在大学校园里影响非常广泛。我非常喜欢周星驰，最早看的他的电影是《龙蛇争霸》，那时他还是个小青年，演一个配角，非常不错。在拥有许多优秀演员的香港，他独辟蹊径，形成了自己的表演特色，相当不容易。香港演艺界，尤其是在男演员中，有一批人是苦孩子出身，他们是奋斗者，所以我喜欢周星驰，把他的影片都定为娱乐片，什么《少林足球》《大内密探零零发》等。在他的娱乐片中,虽然大部分情节是搞笑的,包括《大话西游》,但其中有思想或思想的片断。这些片断是深刻的,情节和细节的设置是机智和俏皮的,这些都是我所喜欢的。我跟香港的教师们探讨过关于周星驰电影在香港大学里有没有构成一种影响的问题,是不是周星驰的电影一演,整个香港大学里一片这样的文化呢?回答是相反的!它不会影响到大学校园的文化。香港人只是把它当成电影,看过就过去了,然后还是接受大学文化。为什么在大陆就变成了校园里一片"无厘头文化"呢?这究竟是怎么造成的呢?我作为大学的中文教师,有时候在教学的时候极为困惑,而扭转这一点要费九牛二虎之力,其效果并不好。现在凡女孩子,无论是诗歌、散文、书评、影评、日记,几乎都是一个主题——情爱。凡男孩子,除了极少数还能看到庄重之作,差不多都好像流水线上、复印机上出来的一样,行文都是"周星驰"式的。我说可以换一种行文的方法,可以写一点其他的,但无论如何号召,都是成效甚微,可见其影响之大!这个问题可供我们去思考。我们有些文化现象绝对不是世界性的,比如读书,全世界有一个共性,就是读书的人和以前相比不是多了而是少了。因为先是有电台、有报纸、有刊物,然后有电视、有网络。人们获取一切信息或趣味的东西可以通过各种渠道和形式,书本和人的关系松弛了。但比较特殊的就是中国人与古老的阅读习惯更快地疏远了起来。还有就是这种"无厘头文化"在我们第二代身上所呈现出来的这样一种状况。再有就是手机短信息和网上聊天现象,不要以为这是世界共同的,绝对不是。手机短信息只是中国的特色,国外也有手机短信息,但不会发出那么多俏皮的、娱乐的信息。手机短信息我见过质量非常高、非常深刻、非常有理念的,而且有些几乎是名言,是我们读名人录、名言集的时候所不能读到的一些相当隽永的话语,但大多数的只不过是小聪明而已，没有意思。这些东西构成一种文化的泡沫，只有意思而没有任何意义。文化也有泡沫现象，我们看到美国人制造了大面积的娱乐文化，引领了全球娱乐文化的时代，但美国人无论怎样娱乐，智商都不会降低。可能恰恰在娱乐过程中，他的文化还在提升，智商还在提高。但是另外一些民族可能是在快乐的过程中仅仅被塑造成了只会娱乐的动物，文化的其他元素和人类的关系散失掉了，这是应当考虑的问题。

（五）

中国改革开放的成就，有目共睹。但是如果没有20世纪80年代到90年代那一时期特殊的文化影响，改革开放对于我们国民来说会在心理上、精神上变得那样顺理成章吗？当我们读西方文化史的时候，当我们读到启蒙文学那一时期，我觉得80年代的中国文化包括中国文学就是启蒙的。当时有那么多的文学作品，反映了那么多的社会现象，正因为这个启蒙的作用，才有了今天所看到的经济成果、科技成果。应该看到在80年代整个新时期文学所起到的作用。那个时代在我头脑中留下了一些深刻的文化印象，说起美术，就会想到罗中立的《父亲》，在那样一个年代那样一幅关于陕北老农的油画里，它使我们所有看着、欣赏着这幅油画的人想到了什么？油画本身就传达出了一种思想——有知识、有能力的中国人要奋斗啊！为了我们这样的父亲，它给人的鼓舞是从内心发出的。尤其是油画中的一个细节，老农耳轮所夹的那半截铅笔，老农脸上那一道道深深的皱纹，还有老农的微笑，几乎是对生活没有要求的那种微笑，这就是我们新中国的农民，对于物质生活的诉求是那样的低，能吃饱饭他们脸上就有笑容。作为这个国家的青年人，一想到这样一些农民父兄们就觉得自己所负的责任。我还想到另一幅油画《心香》，它的整个画面就是一颗卷心菜，只有少许的几片叶子，已经没有了水汽，没有了支撑力，耷拉在土垅上，而且被菜青虫咬过，但就在卷心菜的正中翠生生地长出了菜花。一看这幅油画，我们立刻知道它所表达的内涵。顿时，那个时代的每位知识分子，无论是青年的、中年的、老年的，都知道我们应该像那卷心菜长出的花一样，即使是在那样的环境中我们也要生长。印象深刻的还有一幅油画好像是叫《穿白色连衣裙的少女》，在还没营业、还没打开小窗的书刊亭旁边，一位穿一袭白色连衣裙的女孩早早地站在那里等待着买书。她手里在看《中国青年》，那显然不是为《中国青年》这本杂志在做广告，而是标志着、传达出那个时期中国青年们的学习热潮。尤其是有的出版社重新出版了古典名著的时候，排了长长的队伍，谁敢说后来为国家振兴做出贡献的那些人士中，与这一文化背景无关。没有这样的文化背景所呈现出来的整个民族向上的精神状态，这些成就能凭空而来吗？它能够成为一个国家的整体成就吗？

(六)

谈到读书，我希望孩子们从小多读一些娱乐性的、快乐的、好玩的、富有想象力的书，不应该让孩子们看卡通时仅仅觉着好玩。儿童卡通书一定要有想象力，西方儿童读物最具有想象的魅力，但是这种想象的魅力并不是孩子们在阅读时自然而然地就会感觉到的，一定要有成年人在和他们共同讨论中来点拨一下。未来中国人和西方人的一个区别恐怕就在想象力上，科技的成果就和想象力有关。我们孩子的想象力是低于西方某些发达国家的，而且不只是孩子们的想象力，我们文艺创作者的想象力也是低于西方人的。如果人家在想象力方面的智商是“十”，那么我们的想象力恐怕只有“三”或“四”，这是由于整个科技的成果决定了想象力。

我希望青年们读一点历史书籍，不一定从源头开始读起，但至少要把近现代史读一读，至少要“了解”一些，这个了解非常重要！我刚调到大学时曾经想在第一学期不给学生讲中文课，也不讲创作和欣赏，只讲从20世纪50年代到90年代中国人的生活状况，怎样过日子，怎样生活。当年一个学徒工中专毕业之后分到工厂里，一个月18元的工资仅相当于今天的两美元多一点，三年之后才涨到24元。结婚时，他们的房子怎么样？当年的幸福概念是什么？我在那个年代非常盼望长大，我的幸福概念说来极为可笑，当时我们家住的房子本来已经非常破旧，是哈尔滨市的小胡同、小街、大杂院。大杂院里边窗子已经沉下去的那种旧式苏联房，屋顶也是沉下去的，但是一对年轻人就在那个院子里结婚了，他们接着我家的山墙边上盖起了只有十几平米的小房子，北方叫做偏厦子，就是一面坡的房顶，自己脱坯拣点砖，抹一点黄泥。那个年代还找不到水泥，水泥是紧缺物资，想看都看不到。用黄泥抹一抹窗台，找一点石灰来刷白了四壁就可以了。然后男人要用攒了很长时间的木板自己动手打一张小双人床、一张桌子。没有电视，也买不起收音机。那时的男人们都是能工巧匠，自己居然能组装出一台收音机，而且自己做收音机壳子。我们家里没有收音机，我就跑到他们家里，坐在门槛上听那个自己组装、自己做壳子的收音机里播放的歌曲和相声。丈夫一边听着一边吸着卷烟，妻子靠在丈夫的怀里织着毛活，那个年代要搞到一点毛线也是不容易的。那就给我造成一种幸福的感觉，我想自己什么时候长到和这个男人一样的年龄，然后娶一个媳妇，有这样一个小屋子，等等。今天对年轻人讲这些，不是说我们的幸福就应该是那样的，而是希望他们知道这个国家是从什么样的起点上发展起来的，至少要了解自己的父兄辈是怎样过来的。应该让他们知道能够走进大学的校门，父母付出了很多。现在年轻人所谓的人生意义，就是怎么使我活得更快乐，很少有孩子想过，爸妈的人生要义是什么？如果许多父母都仅仅考虑自己人生的意义、人生的得失、人生的损失，那么可能就没有今天许多坐在大学里的孩子，或者这些孩子根本就不可能坐在大学里。我们的孩子如果连这一点也不懂的话，那是令人遗憾的，所以要读一点历史。

中年人要读一点诗呀、散文呀，因为我们要理解这样的事情，就是孩子们今天活得也不容易，竞争如此激烈。我们总让他们读一些课本以外的书，但如果一个孩子在上学的过程中读了太多课外书，他可能就在求学这条路上失策了，能进入大学校门绝对证明你没读什么课本以外的书。孩子们的全部头脑现在仅仅启动了一点，就是记忆的头脑、应试的头脑，对此，要理解他们，不能求全责备，他们现在是以极为功利的方式来读书，因为只能那样。但对于中年人，从前“四十而不惑”，我已到“知天命”之年，应该读一点性情读物。我不喜欢看所谓王朝影视，因为有太多的权谋，我从来不看权谋类的书。我建议，首先女人们不看这类书，男人们也可以不看。我们的人生真得时时刻刻与权谋有那么紧密的关系吗？到60岁的时候，哪怕你就是权谋场上的人，也可以不看了吧！可以看一些性情读物，想读什么就读什么，而且要看那种淡泊名利的。你能留给自己的人生还有多少时光呢？建议老年人要看一些青少年的读物，了解青少年在看什么书，用他们的书来跟他们交谈。老同志不妨读一点儿童读物，也要看一点卡通，同时要回忆自己孩提时读过哪些书。格林兄弟的、安徒生的童话中是不是还有值得讲给今天孩子们听听的。我感觉下一代在成长过程中是特别孤独的,他们很寂寞。父母在很大程度上不可能成为儿童成长过程中的玩伴,他们工作非常紧张,孩子到了幼儿园,老师和阿姨们如何管理呢?第一听话,第二老实。然后呢,最多讲讲有礼貌、讲卫生,唱点儿歌,如此而已,所以孩子们在幼儿园这个学龄前阶段是拘谨的,孩子在一起玩也是不放松的,在孩子们成长过程中,如果家庭环境是上有哥哥下有弟妹,并能够和街坊四邻的孩子一起任性地玩耍,那是最符合孩子天性的。现在的孩子非常孤单,非常寂寞,孩子身上有总体的幽闭和内向的倾向。爷爷、奶奶读书之后和他们做隔代的交流、做隔代的朋友,而孩子读书时不和他们交流,书就会白读。有些书的内容、书的智慧一定是在交流过程中才产生出来的。

关于不幸、不幸福与幸福

希腊神话中有所谓"美惠三女神",她们妩媚、优雅、美丽,乃三姐妹,都是宙斯的女儿。一位是优芙洛尼亚,意为欢乐;一位是塔里亚,意为花朵;还有一位是阿格拉伊亚,意为灿烂。她们喜爱诗歌、音乐和舞蹈。一言以蔽之,人类头脑中的文艺灵感,得益于她们的暗示、启发和引领,故她们也往往被称为"美惠三女神"。除了她们,希腊神话中还有所谓"复仇三女神""梦境三女神",也都是"三姐妹"。而在美术创作中,有所谓"三原色"之说,即红、黄、蓝。

我想这么比喻——不幸、不幸福与幸福，也如同我们大多数人之人生的“三原色”，也如同我们大多数人之人生每将面对的“三女神”。她们同时出现在我们人生某阶段的情况极少，但其中两姐妹接踵而至甚至携手降临的现象却屡屡发生，于是有“否极泰来”“乐极生悲”一类词。比如，苏三的人生可谓是否极泰来之一例，范进的人生可谓是乐极生悲之一例。

我将不幸、不幸福、幸福比做我们大多数人之人生的“三原色”，并非是指以上三种人生状况与红、黄、蓝三种颜色有什么直接关系，我的意思是——如同“三原色”可以调配出“七常色”及“十二本色”；不幸、不幸福、幸福三类人生状况，几乎是各种各样的人生的“底色”。世界非是固定不变的，人生更是如此。“底色”只不过是最初之色。

我认为构成人生不幸的原因主要有如下方面：

第一，严重残疾与严重疾病。

第二，贫困。

第三，受教育权利的丧失。

第四，由之而沦为社会弱势群体。

第五，又由之而身为父母丧失了抚育儿女的正常能力，身为儿女竟无法尽赡养父母的人伦责任……

也许还有其他方面，我们姑且举出以上几方面原因。

在以上原因中，有个人命运现象，比如先天失明、聋哑、智障、患白血病、癌等；也有自然生存环境和社会苦难造成的群体命运现象，比如血吸虫病、瘟疫、艾滋病、战争造成的伤残与疾病……

一个人的严重残疾与疾病，每每是一个家庭的不幸。一个群体的不幸，当然也应视为一个民族、一个国家的不幸。个人的不幸命运既需要社会来予以关怀，也需要个人来进行抵抗。

海伦·凯蒂、霍金、保尔、罗斯福，他们证明了人生底色确实是可以一定程度地改变的，有时甚至可以改变得比成千上万正常人的人生更有声有色。

但不论怎样，不幸是具有较客观性的人生状况。这世界上没有人因残疾和疾病反而有幸福感。而某些自认为很不幸的人之所以并不能引起普遍人的深切同情，乃因他们的不幸不具有较客观的标准。所以我们才未将失恋也列入不幸范畴，尽管许多失恋的少男少女往往痛不欲生，自认为是天下第一不幸，第一值得同情者。当然，于连是有几分值得同情的，因为他的失恋也反映了一种社会疾病，那就是社会所公开维护的等级制。

我们中国的当下主流传媒有一大弊端，那就是——讳言贫困、落后、苦难和不幸，却热衷于宣传和炒作所谓“时尚的生活方式”。似乎时尚的、时髦的，甚至摩登的生活方式，便是幸福的生活。而能过那种生活的人，在全世界任何一个国家都是少数。如此这般的文化背景，对新一代成长中的人，几乎意味着是一种文化暗示，即幸福的人生仅属于少数不普通的人；而普通人的人生是失败的，令人沮丧的，难有幸福可言的。

除了文化的这一种不是成心却等于成心的错误导向，我们国家13亿人口的实际生活水平也是每使普通人感觉不幸福的原因。普通人这一概念在中国与在西方国家是不一样的。在中国，即使是在北京、上海等大城市，普通人及普通人家的生活水平其实也是非常脆弱的。往往是一人生病（这里指的是重病），全家愁苦，甚而倾家荡产。现在情况好了一些，公费医疗、医疗保险等社会福利保险制度有所加强，但仍处于初级阶段。粮食一涨价，人心就恐慌；猪肉一涨价，许多普通人家就奉行素食主义了；而目前的房价，使许多普通人家的“八〇后”一代拥有自己住房的愿望几成梦想……

这使新一代都市年轻人，看在眼里，心生大虑，唯恐自己百般努力，却仍像父母辈一样，摆脱不了普通人的命运。

如果将大学学子、研究生们与进城打工的农村儿女相比较，结果是十分耐人寻味的——如果非是家境凄凉或不幸，只要有钱可挣，后者们的日常快乐反倒还会多一些似的。

日常快乐的多少也往往取决于性格，不见得就是实际生活幸福程度的体现，好的性格能够大大削弱感觉人生不幸福的烦恼。

为什么那些农村儿女们的日常快乐反而会多一些似的呢？乃因较之于成为大学学子、研究生们的都市青年，农村儿女们对不幸见得较多，知得较多，接触得较多。而他们对所谓幸福的企求又是较低的，较实际的。还有一点也至关重要，那就是，他们的人生是有“根据地”的，是有万不得已的退路的，即他们来自于农村。那里有他们的家园，有亲情和乡情，那里乃是没有什么生存竞争压力的所在。

而前者们却不同，如果是城市青年，则他们没有什么“根据地”，退回到家里就等于是失业青年了。如果是农村青年，则从怀揣录取通知书踏上求学之路那一天起，就等于破釜沉舟地踏上一条不归路了。他们从小学到高中以毅忍之心孜孜苦学，正是为的这样一天。如果他们考入的还是北京、上海的大学，那么在他们的思想意识里，不但没有了什么退路，简直还没有什么别路了。那种留在北京、上海的决心，如同从前的节妇烈女，一厢情愿地从一而终，一厢情愿地为自己的“北京之恋”“上海之恋”而“守节”。这一种决心，是非常可以理解的。因为依常人看来，在北京、在上海，一个受过大学高等教育的人，终于成为不普通之人的可能性仿佛比别处多不少。即使到底还是没有不普通起来,但成了北京和上海这等大城市里的普通人,似乎那也还是要比别处的普通人不普通。这一种普通而又不普通的感觉追求,往往会成为一种“亚幸福”追求。但这一种决心有时候也是可怕的——因为对于人生,还是多几种生存、发展的选择好一些,还是有退路的状态好一些。我这里说的退路,当然不是指农村。大学生、研究生回到或去到农村当农民,是知识化了的人力资源的浪费。但除了北京和上海,中国另有许多城市,尤其是南方城市,其发展也是很快速的,对年轻人而言,人生机会也是较多的。

总而言之,我的意思是,不幸福的人生感觉人人都会常有,是生存竞争压力对人的心理造成的负面感觉,不同的人面临不同的生存竞争压力。但有时候,也与我们对人生的思想方法有关。如果能提前对人生多几种考虑、打算、选择,也许人生的回旋余地会大一些,压力会小一些,瞻望前途,会相对的乐观一些;那么,不幸福的感觉,自然会相对的少一些……

谈到幸福,有些人肯定会和我一样,联想到《安娜·卡列尼娜》开篇的那一句话——“幸福的家庭是相似的,不幸的家庭各有各的不幸。”是否也可以这样说呢?幸福的人是相似的,不幸的人各有各的不幸。

我个人认为,幸福的人一定是生活在幸福的家庭里。我至今还不曾认识过一个生活在不幸福的家庭里但自己感到很幸福的人。曾经生活在不幸福的家庭里,但后来另立门户,拥有了自己的小家庭以后,人生开始幸福了的人是有的。但前提是——他或她的小家庭,必是一个幸福的小家庭,或曰:幸福只不过是一种感觉。

此话对矣,但不够全面。确乎,幸福和不幸福一样,主要是一种心理感觉。然而人的心理,通常不会无缘无故地产生感觉,心理感觉更多的情况下是客观外界作用于主观的反映。如果说不幸福之感觉往往是与不直接的客观外界的影响有关系，那么幸福的感觉像不幸的感觉一样，更是与特别直接的客观外界的实际状态有关系。

第一，我们已经说过，幸福的人，肯定有幸福的家庭。第二，幸福的家庭，理论上肯定是人人健康，家庭关系和睦，夫妻恩爱，手足情深，家风良好，并由而受人尊敬的。第三，一个有着这样的家庭背景的人，他或她还需是起码具有大学文化知识的人。第四，而且他所从事的职业，恰恰是符合他理想的、他很热爱的职业。第五，这一种职业，一般而言，还要有较高的工资和较有社会地位的特征。第六，于是他本人的爱情和婚姻不但是一帆风顺的，还是如愿以偿的。第七，他们的小家庭起码是富裕的，当然应拥有宽敞的住房与一辆准名牌私车。第八，他们的孩子是漂亮的、聪明的，将来肯定有出息，甚至青出于蓝，而胜于蓝……

我们还可以列出几条。

由是而论，我们不难看出，文化知识程度较高的人，比之于文化知识程度较低的人，对幸福指数的企求也是高的，即使口头上说自己只不过心存某些一般的幸福要求，综合起来，那些一般的幸福要求已是很不一般太不一般了。更有的时候，甚至会将幸福误解为一种人生的完美状态，因而似乎应包含一切人生的美好。而实际情况却是——世界上只有极少极少数人的人生是接近完美的幸福的人生。

如果将人的一生比做由一点开始画起的一个圆，那么只有极少极少数人的人生画得接近标准的圆形；有些人的人生仅仅是半圆，或一段弧。大多数人的人生，画成了一个圆，但却是像蚀缺时的月亮似的圆。

我个人认为，能将人生画成一个近似的圆，那委实已经该算是不错的人生了。我个人认为，一个人的人生，只要在以上几条中实现了两条，比如有一个比较和睦的家庭和比较美满的婚姻，他或她就有理由感觉幸福多一些，感觉不幸少一些了。而居然实现了三四条，几乎可以说，他或她真的就是一个幸福之人了。

家庭和睦，手足情深，亲人健康，工作稳定，收入能够满足一般消费，月有节余，哪怕很少……这是一般普通人的幸福观。他们既为普通人，却并不沮丧于普通的人生，于是他们反而善于在普通的人生中企求普通的幸福，并珍惜之。

这样的一种人生态度，是否也可以给尚处于人生的一无所有阶段，但希望过上幸福生活的大家一点儿关于幸福的另类参考呢？

最后我要讲一个汉语常识——"希望"一词中的"希"字，在古汉语中，同"稀"，是一个演化字。"稀"——大家都知道的，乃指"少"。在农业社会，稻粮是宝贵的，布匹是宝贵的，都是稀缺之物。生产力不发达，靠天吃饭，好收成非是自然而然的事，于是每每举行祈祷。在古代，"稀望"是祭典仪式中的心理。

只要善于理性地把控自己的人生，一步步走在实处，我相信每个人都会或多或少获得某一部分人生的幸福。

平凡的地位

"如果在30岁以前，最迟在35岁以前，我还不能使自己脱离平凡，那么我就自杀。"

“可什么又是不平凡呢?”

“比如所有那些成功人士。”

“具体说来。”

“就是,起码要有自己的房、自己的车,起码要成为有一定社会地位的人吧?还起码要有一笔数目可观的存款吧?”

“要有什么样的房,要有什么样的车?在你看来,多少存款算数目可观呢?”

“这,我还没认真想过……”

以上,是我和某大一男生的对话。那是一所较著名的大学,我被邀讲座,对话是在五六百人之间公开进行的。我觉得,他的话代表了不少学子的人生志向。我已经忘记了我当时是怎么回答的,然此后我常思考一个人的平凡或不平凡,却是真的。按《新华词典》的解释,平凡即“普通”,平凡的人即“平民”。《新华词典》特别在括号内加注——泛指区别于贵族和特权阶层的人。做一个平凡的人真的那么令人沮丧么?倘注定一生平凡,真的毋宁35岁以前自杀吗?我明白那大一男生的话只不过意味着一种“往高处走”的愿望,虽说得郑重,其实听的人倒是不必太认真的。

我既思考了,于是觉出了我们这个社会,我们这个时代,近年来一直所呈现着的种种文化倾向的流弊,那就是——在中国还只不过是一个发展中国家的现阶段;在普遍之中国人还不能真正过上小康生活的情况下,中国的当代文化,未免过分“热忱”地兜售所谓“不平凡”的人生的招贴画了,这种宣扬尤其广告兜售几乎随处可见。而最终,所谓不平凡的人的人生质量,在如此这般的文化那儿,差不多又总是被归结到如下几点——住着什么样的房子,开着什么样的车子,有着多少资产,于是社会给予怎样的敬意和地位；于是，倘是男人，便娶了怎样怎样的女人……

20世纪二三十年代的中国，也很盛行过同样性质的文化倾向，体现于男人，那时叫“五子登科”，即房子、车子、位子、票子、女子。一个男人如果都追求到了，似乎就摆脱平凡了。同样年代的西方的文化，也曾呈现过类似的文化倾向。区别乃是，在他们的文化那儿，是花边，是文化的副产品；而在我们这儿，在今天却仿佛地渐成文化的主流。这一种文化理念的反复宣扬，折射着一种耐人寻味的逻辑——谁终于摆脱平凡了，谁理所当然地是当代英雄；谁依然平凡着甚至注定一生平凡，谁是狗熊。并且，每有俨然足以代表文化的文化人士和思想特别“与时俱进”似的知识分子，话里话外地帮衬着造势，暗示出更伤害平凡人的一种逻辑，那就是——一个时势造英雄的时代已然到来，多好的时代！许许多多的人不是已经争先恐后地不平凡起来了么？你居然还平凡着，你不是狗熊又是什么呢？

一点也不夸大其词地说，此种文化倾向，是一种文化的反动倾向。和尼采的所谓“超人哲学”的疯话一样，是漠视，甚至鄙视和辱骂平凡人之社会地位以及人生意义的文化倾向，是反众生的，是与文化的最基本社会作用相悖的，是对于社会和时代的人文成分结构具有破坏性的。

在这样的文化背景下成长起来的中国下一代，如果他们普遍认为最迟35岁以前不能摆脱平凡便莫如死掉算了，那是毫不奇怪的。

人类社会的一个真相是，而且必然永远是——牢固地将普遍的平凡的人们的社会地位确立在第一位置，不允许任何意识之形态动摇它的第一位置，更不允许它的第一位置被颠覆。这乃是古今中外的文化的不二立场，像普遍的平凡的人们的社会地位的第一位置一样神圣。当然，这里所指的，是那种极其清醒的、冷静的、客观的、实事求是的、能够在任何时代都“锁定”人类社会真相的文化；而不是那种随波逐流的、嫌贫爱富的、每被金钱的作用左右得晕头转向的文化。那种文化只不过是文化的泡沫，像制糖厂的糖浆池里泛起的糖浆沫。造假的人往往将其收集了浇在模子里，于是“生产”出以假乱真的“野蜂窝”。

文化的“野蜂窝”比街头巷尾地摊上卖的“野蜂窝”更是对人有害的东西。后者只不过使人腹泻，而前者紊乱社会的神经。

平凡的人们，即普通的人们，即古罗马阶段划分中的平民。在平民之下，只有奴隶。平民的社会地位之上，是僧侣、骑士、贵族。

但是，即使在古罗马，那个封建的强大帝国的大脑，也从未敢漠视社会地位仅仅高于奴隶的平民。作为它的最精英的文化思想的传播者，如苏格拉底、柏拉图、亚里士多德们，他们虽然一致不屑地视奴隶为“会说话的工具”，但却不敢轻佻地发任何怀疑平民之社会地位的言论。恰恰相反，对于平民，他们的思想中有一个一脉相承的共同点——平民是城邦的主体，平民是国家的主体。没有平民的作用，没有罗马成为强大帝国的前提。

恺撒被谋杀了，布鲁图要到广场上去向平民们解释自己参与了的行为——“我爱恺撒，但更爱罗马。”

为什么呢？因为那行为若不能得到平民的理解，就不能成为正确的行为。安东尼顺利接替了恺撒，因为他利用了平民的不满，觉得那是他的机会。屋大维招兵募将，从安东尼手中夺回了摄政权，因为他调查了解到，平民将支持他。

古罗马帝国一度称雄于世，靠的是平民中蕴藏着的改朝换代的伟力。它的衰亡，也首先是由于平民抛弃了它。僧侣加上骑士加上贵族，构不成罗马帝国，因为他们的总数只不过是平民的千万分之几。

中国古代，称平凡的人们亦即普通的人们为“元元”；佛教中形容为“芸芸众生”；在文人那儿叫“苍生”；在野史中叫“百姓”；在正史中叫“庶民”。而相对于宪法叫“公民”。没有平凡的亦即普通的人们的承认，任何一国的任何宪法没有任何意义。“公民”一词将因失去了平民成分而是荒诞可笑之词。

中国古代的文化和古代的思想家们，关注并体恤“元元”们的记载举不胜举。

比如《诗经·大雅·民劳》中云：“民亦劳止，汔可小康。”意思是老百姓太辛苦了，应该努力使他们过上小康的生活。比如《尚书·五子之歌》中云：“民为邦本，本固邦宁。”意思是如果不解决好“元元”们的生存现状，国将不国。而孟子干脆说：“民为贵，社稷次之，君为轻。”而《三国志·吴书》中进一步强调：“财经民生，强赖民力，威恃民势，福由民殖，德俟民茂，义以民行。”民者——百姓也；“芸芸”也；“苍生”也；“元元”也；平凡而普通者们是也。怎么，到了今天，在改革开放的中国，在民们的某些下一代那儿，不畏死，而畏“平凡”了呢？由是，我联想到了曾与一位“另类”同行的交谈。我问他是怎么走上文学道路的。答曰：“为了出人头地。哪怕只比平凡的人们不平凡那么一点点，而文学之路是我唯一的途径。”见我怔愣，又说：“在中国，当普通百姓实在太难。”屈指算来，十几年前的事了。十几年前，我认为，正像他说的那样，平凡的中国人，平凡是平凡着，却十之七八平凡又贫寒着，由而迷惘着。这乃是民们的某些下一代不畏死而畏平凡的症结。于是，我联想到了曾与一位美国朋友的交谈。她问我：“近年到中国，一次更加比一次感觉到，你们中国人心里好像都暗怕着什么。那是什么？”我说：“也许大家心里都在怕着一种平凡的东西。”她追问：“究竟是什么？”我说：“就是平凡之人的人生本身。”她惊讶地说："太不可理解了，我们大多数美国人可倒是都挺愿意做平凡人，过平凡的日子，走完平凡的一生的。你们中国人真的认为平凡不好到应该与可怕的东西归在一起么？"我不禁长叹了一口气。我告诉她，国情不同，故所谓平凡之人的生活质量和社会地位，不能同日而语。我说你是出身于几代的中产阶级的人，所以你所指的平凡的人，当然是中产阶级的人士。中产阶级在你们那儿是多数，平民反而是少数。美国这架国家机器，一向特别在乎你们中产阶级，亦即你所言的平凡的人们的感觉。你们的平凡的生活，是有房有车的生活。而一个人只要有了一份稳定的工作，过上那样的生活并不特别难。居然不能，倒是不怎么平凡的现象了。而在我们中国，那是不平凡的人生的象征。对平凡的如此不同的态度，是两国的平均生活水平所决定了的。正如中国的知识化了的青年做梦都想到美国去，自己和别人以为将会追求到不平凡的人生，而实际上，即使跻身于美国的中产阶级了，也只不过是追求到了一种美国的平凡之人的人生罢了……

当时联想到了本文开篇那名学子的话，不禁替平凡着普通着的中国人，心生出种种的悲凉。想那学子，必也出身于寒门；其父其母，必也平凡得不能再平凡普通得不能再普通。不然，断不至于对平凡那么的惶恐。

也联想到了我十几年前伴两位老作家出访法国时，通过翻译与马赛市一名五十余岁的清洁工的交谈。

我问他算是法国的哪一种人。

他说，他自然是一个平凡得不能再平凡普通得不能再普通的人。

我问他羡慕那些资产阶级吗？

他奇怪地反问为什么？

是啊,他的奇怪一点也不奇怪。他有一幢带花园的漂亮的二层小房子;他有两辆车,一辆是环境部门配给他的小卡车,一辆是他自己的小卧车;他的工作性质在别人眼里并不低下,每天给城市各处的鲜花浇水和换下电线杆上那些枯萎的花束而已;他受到应有的尊敬,人们叫他"马赛的美容师"。

由此,他才既平凡着,又满足着;甚而,简直还可以说活得不无幸福感。

也联想到了德国某市那位每周定时为市民扫烟囱的市长。不知德国究竟有几位市长兼干那一种活计,反正不止一位是肯定的了。因为有另一位同样干那一种活计的市长到过中国,还拜访过我。因为他除了给市民扫烟囱,还是作家。他会几句中国话,向我耸着肩诚实地说——市长的薪水并不高,所以需要为家庭多挣一笔钱。那么说时,一点儿也不觉得有什么不好意思……

马赛的一名清洁工,你能说他是一个不平凡的人么?德国的一位市长,你能说他极其普通么?然而在这两种人之间,平凡与不平凡的差异缩小了,模糊了。因而在所谓社会地位上,接近着实质性的平等了。因而平凡在他们那儿不怎么会成为一个困扰人心的问题。

当社会还无法满足普通的平凡的人们的基本拥有愿望时,文化的最清醒的那一部分思想,应时时刻刻提醒着社会来关注此点,而不是反过来用所谓不平凡的人们的种种生活方式刺激前者。尤其是,当普遍的平凡的人们的人生能动性,在社会转型期受到惯力的严重甩掷,失去重心而处于茫然状态时,文化的最清醒的那一部分思想,不可错误地认为他们已经不再是地位处于社会第一位置的人们了。

无论过去,现在,还是将来,平凡而普通的人们,永远是一个国家的绝大多数人。任何一个国家存在的意义，都首先是以他们的存在为存在的先决条件的。

一半以上不平凡的人皆出自于平凡的人之间。

这一点对于任何一个国家都是同样的。

因而平凡的人们的心理状态，在一定程度上几乎成为不平凡的人们的心理基因。

倘文化暗示平凡的人们其实是失败的人们，这的确能使某些平凡的人们通过各种方式变成较为“不平凡”的人；而从广大的心理健康的、乐观的、豁达的平凡的人们的阶层中，也能自然而然地产生较为“不平凡”的人们。

后一种“不平凡”的人们，综合素质将比前一种“不平凡”的人们方方面面都优良许多。因为他们之所以“不平凡”起来，并非由于害怕平凡。所以他们“不平凡”起来以后，也仍会觉得自己们其实很平凡。

而一个连不平凡的人们都觉得自己们其实很平凡的人们组成的国家，它的前途才真的是无量的。反之，若一个国家里有太多这样的人——只不过将在别国极平凡的人生的状态，当成在本国证明自己是成功者的样板，那么这个国家是患着虚热症的。好比一个人脸色红彤彤的，不一定是健康；也可能是肝火，也可能是结核晕。

我们的文化，近年以各种方式向我们介绍了太多太多的所谓“不平凡”的人士们了，而且，最终往往的对他们的“不平凡”的评价总是会落在他们的资产和身价上。这是一种穷怕了的国家经历的文化方面的后遗症，以至于某些呼风唤雨于一时的“不平凡”的人，转眼就变成了些行径苟且的，欺世盗名的，甚至罪状重叠的人。

一个许许多多人恐慌于平凡的社会，必层出如上的“不平凡”之人。

而文化如果不去关注和强调平凡者们第一位置的社会地位(尽管他们看去很弱,似乎已不值得文化分心费神)——那么,这样的文化,也就只有忙不迭地不遗余力地去为“不平凡”起来的人们大唱赞歌了,并且在“较高级”的利益方面与他们联系在一起。于是眼睁睁不见他们之中某些人的“不平凡”之可疑。

这乃是中国包括传媒在内的文化界、思想界,包括某些精英们在内的文化界、思想界的一种势利眼病……

“理想”的误区

依我看来,“理想”这一词的词性,是不太好一言以蔽之地确定的。我总觉得它也可以被当成形容词,因为它所意象着的目标必是引诱人的。它还可以被当成动词,起码可以被当成动词的前导词,因为有了理想往往接着便有追求。追求跟着理想走。

人类有理想,国家有理想,民族有理想,每一个具体的个人,通常也都有理想。而具体的个人的理想,皆以他人的人生做参照。在我们这个地球上,有一些人,一出生就已经是贵族了,甚至是王储,或公主……有一些人,一出生就已经是亿万富豪了,因为他或她命中注定是庞大遗产的继承者……有一些人,生逢其时,吉星高照,以几十年的苦心经营,终于换来了累累商业硕果……有一些人,靠着天才的头脑,抓住机遇,成了发明家,名下的专利自然而然地转化为滚滚钱钞……有一些人,赖父辈家族的权力背景而立，捷足易登，仅仅几步就走向了奢侈的生活水平……有一些人，受“上帝”的青睐，胎里带着优秀的艺术细胞，于是而名而富……有一些人，由时代所选择，青年得志，功名利禄集齐一身……商业时代的媒体，一向对这一些人大加宣传。仿佛他们的人生，既不但是大家的人生的样板，也是大家只要有志气，便都可以追求到的“理想”似的。

这一种宣传的弊端是，使我们这个时代的尤其是中国的青少年群体之相当多的一部分，陷于对社会普遍规律对人生普遍规律的基本认识的误区。

我这样说，并不意味着我对以上“一些”人之人生持什么否定的态度。我又不是傻瓜，和每一个不是傻瓜的人一样，毫无保留地认为以上“一些”人的人生，乃是极其幸运的人生。谁若能成为以上“一些”人中的任何一类，无疑将活得特别潇洒。那样的人生确是一种福分。姑且不论那样的人生也包含着可敬的或可悲的付出。

我要指出的是，那样“一些”人，实在是我们这个地球上极少数的一类人，统统加起来，也只不过是几百万分之一。这还是指那样“一些”人中的“普通”类型。至于那样“一些”人中的佼佼者，则就是千万分之一了。比如整个亚洲，半个世纪以来只出了一位李嘉诚和一位成龙。

那样“一些”人之人生，有的足以为我们提供成功人生的经验，有的却几乎没有任何可比因素。时代往往一次性地成全“一些”人的人生。时代完成它那一种使命，往往要具备不少先决的条件。时过境迁，条件改变了，那样“一些”人的人生，便非是靠志气和经验所能“复制”的了，只在精神激励的方面有“超现实”的积极意义了……

我主张有理想、有志气的青少年，不必一味仰视着那样“一些”人开始走自己的人生之路：而首先要扫视一下自己的周围，再确立自己的人生目标，再决定自己的人生究竟该怎么走。

扫视一下自己的周围便会发现，许许多多堪称优秀的男人或女人，在物质生活方面，其实都正过着仅比一般生活水平稍高一点儿的生活。他们毕业于名牌大学，他们留过学，他们有双学位甚至顶尖级的高学位，他们敬业而且在自己的专业领域有所成就，他们已经青春不再人届中年，他们有才华和才干，也有所谓的“知产”……

但他们确乎的非是富有的“一些”人。

他们的月薪相对高点，但绝非“大款”。

他们住的相对宽敞，但绝不敢奢想别墅。

他们买得起私车，但并非豪车。

他们的人生能达到这样的程度，少说是在大学毕业后靠了五年的努力，多说靠了十年十五年的努力……

如果算上他们从小学考初中，从初中考高中，从高中考大学，进而考硕、考博所付出的孜孜不倦丝毫也不敢懈怠的学习方面的努力，那他们为已达到的现状在激烈竞争的社会中付出了多么沉甸甸的代价是可想而知的……

对于最广大的中国人而言，没有他们那一种付出和努力，欲使自己的人生达到他们那样的程度也简直是异想天开！或曰：那也算是成功的人生吗？究竟可不可以算是成功的人生我不敢妄下断言。但我知道。那一种人生在中国已是很不容易争取到的人生。即使在日本，在美国，在我们的同胞世代生存的香港和台湾，普遍的努力的人生，也只不过便是那样的……我主张正为自己的人生蓄力储智的青少年，首先应将这样的人生定为追求的目标。它近些，对它的追求也现实些。我并不是在主张无为的人生。我只不过主张人生目标的追求要分阶段，每一阶段都要脚踏实地地去走。至于更高的人生的目标，更大的人生的志向，似应在接近了最近最现实的人生目标以后再拟计划……这便是我认为的社会的普遍规律和人生的普遍规律。倘连普遍都还难以超越，竟终日仰视“一些”人的极个别的人生，并且非那一种“理想”而不“追求”，则也许最终连拥有普遍的人生的资格都断送了……

第二部分

个人的素养

培养一个“贵族”是容易的

“培养一个贵族至少需要三代的教养。”——众所周知，这是巴尔扎克的名言。

我想，一个人是不是贵族，或者像不像贵族，至少有一条标准——那就是看他或她的言谈举止、待人处世是否达到了所谓“贵族”的风范。比如是否斯文，做派是否优雅，是否深谙“上流社会”的礼仪要求，等等。

巴尔扎克的名言曾被我们中国人广泛引用，原因是“一部分中国人先富起来”了。他们行有名车代步，止有靓女相陪，大小官员常是他们的座上客，这个星那个星常是他们的至爱亲朋。他们每每出手阔绰，一掷万金、几万金、十几万金，以搏奢斗豪为乐为荣，因而便都俨然贵族起来了似的。而有些人则指责他们还算不上真正的贵族，所持的根据就是巴尔扎克的名言。

我也引用过巴尔扎克的名言，但是现在我不太相信“巴先生”此名言的正确性了。

《百万英镑》这部电影，就具体、形象、生动地颠覆了“巴先生”的名言。一个落魄到走投无路的青年，一旦拥有了百万英镑，不是在很短的日子里，便顺理成章、自然而然地完成了由一个穷光蛋嬗变为一位贵族的过程了吗？

美国还有一部电影《不公平的游戏》，讲的是两位老资本家百无聊赖时打了一次十美元的赌——一个要使一名怎么也谋不到职业、整日流浪街头乞讨的黑人青年迅速成为大亨，从里到外贵族起来；一个要使一位踌躇满志，不久将成为自己乘龙快婿的“准贵族”白人青年，从贵族的高门坎外一个筋斗跌到贫民窟去。结果两位老资本家都不费吹灰之力地达到了他们之目的。

至于什么风度啦、礼仪常识啦、言谈举止啦，那都是完全可以在人指导下“速成”的，绝不比一个厨子的“速成”期长。

反正两部电影是这么告诉我们的，信不信由你！

别说贵族了，国王也是可以“速成”的。

还有一部外国影片似乎叫《金头盔》，讲的是这样一个故事——王后生了双胞胎，由于某些大臣们的野心暗中起作用，将本该按老国王遗嘱继承王位的哥哥从小送出了王宫，沦为穷乡村里的贫儿，使弟弟成功地篡了位。二十几年后，另一些大臣出于同样的权势野心，将哥哥寻找到了，暗中加紧“培训”——当然是按国王的言谈举止、风度和威仪进行“培训”的。“速成”之后，绑架国王，取而代之。弟弟从此由王而囚，并被戴上了金头盔至死……

可见，“巴先生”的名言，的确是不足信的。

波斯王一世居鲁士大帝出身于平民。按说,他的儿子该是平民的孙子。可其毫无平民情感,在历史上是臭名昭著的。他在宫廷里自小就骄横跋扈,目中无人,不可一世。

有次他因对其父王无礼,遭居鲁士训斥。

居鲁士说:“从前我跟我父亲讲话,决不像你现在跟我讲话的样子。”

小居鲁士仰脸叉腰地说:“你只是平民的儿子,而我,是居鲁士大帝的儿子,咱们两个是可以相比的吗?”

老居鲁士非但未怒,反而异常高兴,将儿子搂在怀中,连连夸奖:“说得有理,说得有理,果然不愧是居鲁士大帝的儿子!”

一位大帝的儿子,是多么容易否认自己也是平民的孙子啊!对平民阶级,又是多么自然而然地就予以轻蔑了啊!哪里需要三代之久才能洗心革面脱胎换骨呢?

扫视我们的生活,谁都不难发现——中国正“速成”地派生着一茬又一茬的大小“贵族”。长则十几年内,短则几年内,再短甚至一年内,几个月内,几天内,一些原本朴朴实实的老百姓的孙儿孙女,就摇身一变,成为“大款”“富豪”,起码是什么“老板”的公子或千金了。这一种变当然也是好事,总比他们永远是老百姓的孙儿孙女甚至不幸沦为贫儿妓女要好。但遗憾的是,他们一旦“贵族”起来,在风度、礼仪、言谈举止方面,反而变得越发的缺少甚至没有教养。变得像些个小居鲁士一样。而他们的成了“大款”“富豪”或“老板”的父辈,也那么自然而然地便忘了自己其实是——可能不久前仍是老百姓的儿子。他们对他们自己小居鲁士一样骄横跋扈、目中无人、不可一世、专擅比阔比奢的儿子,又往往是那么的沾沾自喜。

这样的些个“速成”起来的中国“贵族”,对平民百姓的轻蔑,毫无感情，毫无体恤，毫无慈悲，据我所知，据我看来，是比巴尔扎克笔下的某些贵族人物对平民百姓的恶劣的“阶级立场”尤甚的……

所以中国有话道是“千好万好，不如有个好爸”。所以当代中国人一般只比“爸”而不怎么比“爷”。因为一比祖父，现今的许多达官新贵、才子精英、文人学士、名媛淑女，则也许统统都只不过是农民的孙儿孙女了。所以，巴尔扎克的名言，放之于中国而不准也。培养一个劣等贵族是极容易的！

赏悦你的花季

没有学生时代的人生是遗憾的、缺失的人生。而中学时代，是人生花季的第一个“节气”。在这个“节气”里的男孩儿和女孩儿，如柳丝之乍绿；如花蕾之欲开；如贝壳里的沙刚刚包裹上珠衣；如才淌到离泉眼不远的地方，却没形成溪流的山水；如火烧云，即使天上无风，也能不时变幻出美丽的想象……

小学是六年。从初一到高三，也是六年。然而与小学相比，人生的后六年，是质量多么不同的六年啊！男孩儿和女孩儿，朦朦胧胧地觉得，自己在某些方面像是大人了。“让我来吧，妈妈！”——当男孩儿的力气使自己的母亲惊讶时，他心里是多么的自得啊。

“爸爸，这件事我能理解。”——当女孩儿如是说，或者并不说，仅用眼睛表达她那份儿明白时，实际上她觉得，她仿佛已经能反过来安慰大人了。

而往往的，也确实如此。父母一经从是中学生的儿女那里获得到体恤，眼睛是会感动得发湿的。“女儿，你懂事了……”“儿子，你快成大人了……”小学生不太能听到父母对他们这么说。中学时代的男孩儿和女孩儿，对从父母眼里、心里、话里流露出来的期望，也由此变得相当敏感了。父母的期望，教师的期望，学业的压力，每每使处在中学时代这个“节气”里的男孩儿和女孩儿，不禁地多了几许成长的烦恼。中学生一烦恼，是连上帝都会因而忧郁的，如果上帝存在的话……

没有这些烦恼多好呢？

但又哪儿有没有阴天的整个花季呢？

我觉得，中学生应该善于悦赏自己的“节气”。那些烦恼，那些困惑和迷惘，不也是自己这一“节气”的特征吗？知道米兰·昆德拉的那一本书吗？——《生命不能承受之轻》。没有责任的人生，其实也是认识不清自我存在价值的人生，当然也是并无多大意思的人生。

中学时代的男孩儿和女孩儿，之所以与小学生不同，正在于他或她从自己所感到的那些烦恼、困惑、迷惘之中，渐悟着自己是中学生的那一份责任。它不必一定是优异的学习成绩，但它一定得有发奋的能动性。

如果连这一点都觉得是强加的，那么就将花季理解得未免太懈怠了。在花季里，百花争妍，那也是花儿们向大自然证明着的一种自觉愿望啊！

中学时代，一切都应该变得有自觉性了。在这种自觉性的前提下，男孩儿和女孩儿请赏悦自己花季的第一个“节气”吧，包括这个“节气”里的霜和雨……

一半幸运 一半迷惘

倘我们放眼世界，并且对世界进行历史性的回顾，只要稍加梳理，便不难发现这样一条规律——几乎每一个国家都有过它们内容极为生动活跃的一页，而这一页的内容提要就是“青年时代”。

我用“生动活跃”来形容，意在表述不确定的，介于中性的词性。依我看来，政治进步，经济昌盛，文化繁荣，是为生动活跃。反之，亦是。因既反之，便注定了有青年们被时代所利用，所抛弄于股掌之上，将自己的狂热附祭了历史反面的教训；也注定了有青年们吹响号角，摧枯拉朽，勇作铁血牺牲的大剧上演。只不过后一种大剧的“风格”往往是惨烈的，以“生动活跃”来形容未免轻佻。

从正面看中国历史，一部《三国》，青年英雄辈出；往前推，春秋、战国的历史舞台上，青年政治家、军事家、思想家比比皆是；往后查，先秦统一的过程中，大唐建业的过程中，戊戌变法、五四运动、辛亥革命，乃至中国共产党人领导的无产阶级革命，精英聚结，俊杰代出。倘将中国各个重要发展阶段总结了论，凡社会转型期，几乎皆以各阶层青年立大志、做大事、图大业为时代特点。此特点推及世界史来分析，亦有共性。在这些历史的重要发展阶段，青年们往往在少年时期就萌生了相当明确的想法；二十余岁开始作为；三十余岁便受了种种的时代洗礼和实践考验；四十岁左右，大抵已是较为成熟的社会各方面的实践家了。

反之，倘时代出了问题，诸种社会负面氤氲一片，也会自然而然地滋长出破坏性的恶力。比如德国法西斯主义的迅成气候，便是借助了德国青年迷信大日耳曼民族优胜的结果。比如“文革”，也是中国青年表演政治参与狂热的历史平台……

所幸无论对于中国还是世界，以往的一页都已成为深刻的反省。

而21世纪的世界，当然包括中国在内，是明智地进入了空前理性的时代了。尤其中国，各阶层维护国家大局的意识也变得相当成熟。虽各阶层有其现时期不同程度不同性质的迷惘、困惑、无所适从和浮躁，也有相互之间不同程度不同性质的利益摩擦和冲突，但并不妨碍顾全大局的意识的一致。因为有一点是都明白的：有安定才有发展，有发展才有各阶层乃至具体个人命运朝良好方面的转化。起码是可能有。

因而在中国，在这样的一个时期，也最是青年们的人生希望较多、机遇较多，才能较容易得以呈现和发挥的时期。

从前的青年——缺乏人生的能动力；从前的时代和社会——失去了活力；从前的青年与时代与社会——服从与主宰。

如果回顾一下1949年新中国成立最初阶段中国的年代特征，则任谁都不能不承认，总体而言，那是一个全民热情高涨的年代，并且尤以青年们的建国热情和人生状态最为积极而富有能动力。各行各业，年年涌现模范人物，如雨后春笋。

但分析起来，那又是一种未免过于单纯，甚至可以说是简单的热情和积极性、能动力。它基本上生发于这样一种理念——我将自己的热情、积极性和能动力，最大程度地奉献给国家，国家对我的人生实行“承包”式的、终生的安排。因而不可持续。

农村青年，除了极少数得以通过考入大学这唯一途径改写人生而外，其余一概人的人生注定了统统都是社员。全中国的农村青年的人生，几乎彻底地被时代所模式化了。时代对于数以亿计的农村青年仿佛是一个加工厂，而且只“生产”一种规格的清一色的“产品”，那就是从事原始农业劳动的劳动力。无论你有怎样的才能，你都难以改变你注定了一辈子是农民的“天命”——时代即“天”。若想像今天这样可以遍中国自由闯荡，甚至凭一技之长住留城市，那是时代这个“天”绝对不允许的。若想像今天这样凭一副好容貌、一副好嗓子而摇身一变成演员、成歌星，更是做白日梦了。时代出于它本身的需要，偶尔也给予一展特殊风采的机会。但对大多数人，那往往仅只是一次性或几次性的机会，而根本不可能是改变人生轨迹的机遇。无论主观上多么企图抓住抓牢，都是醒着做梦，没意义的。机会结束，仍要回去做社员，也就是农民……

那么，城市青年从前的人生形态，总体上是否不同一些呢？

答曰：否。

就人生的几乎无选择性这一点而言，与从前农村青年们的人生形态是完全一致的。城市里的小学、初中、高中，乃至中专和大学，在向学生传授知识的同时，亦对学生进行道德评判完全一致、人生价值取向也完全一致的教化。在课堂和学校以外，社会文化继续着如出一辙的洗脑。所以，可这么说，比从前的农村青年容易享受到精神食粮的从前的城市青年，其思想意识之鱼儿，是游在同一规格、同一尺寸的精神的鱼缸里的。那简直又可以说是“泡在”。

而他们的人生轨迹的雷同，更是由时代这一位“阿姨”一揽子做主了的。几十年一贯制的全国统一的工资标准，使几代中国人过着彼此彼此的日子。一切人对人生的个人向往和追求的冲动，几乎最终都以自行放弃转而对时代无怨无悔亦再无激情的服从为结局。人生多姿多彩的种种可能性，都在迫不得已的服从之下烟消云散。“上山下乡”乃是最典型的佐证。从前的城市青年们，只有其个人向往和追求的激情，因了时代的需要而受到肯定和支持时，才能够得以释放，否则绝对不能。举例来谈：

一名被分配在大集体性质的工厂的青年，若企图调转到国营性质的工厂去，倘无当官的父母动用权力去安排，那就是一辈子也别想实现的愿望了。

一名被分配在街道杂食铺子里当售货员的青年，不打算安安心心地当一辈子吗？那么，会有人做他的思想工作，说服他那是时代的需要，他不愉悦地服从是他的不对。

如果他还不安心呢？那么他将受到警告。

如果警告也不能使他的工作出色起来呢？那么他的下场将是被开除。

而一个因不服从时代的安排被单位开除了的人，意味着被时代抛弃了，意味着连废品回收站这样的单位都难以再接收他了。因为废品回收站既然也是一个单位，它的员工的名额以及他们的工资，也是由国家限定的。

那么，这个人差不多就被时代取消了在城市里正常生存的资格了。并且，他等于被时代宣布为“劣等”的人。

犯了错误的人，只要表示了虔诚的悔改，还有重新获得工作权利的机会。但一个犯了不服从时代安排命运这种错误的人，意味着他直接冒犯的是时代最神圣的权威。若想取得时代的宽恕，非痛哭流涕几遭不可。

从前的时代，视社会为它所操纵的一台机器，视绝大多数人为这一机器的微小部件，或一颗螺丝钉而已。时代的流水线上，成批地生产同样的“部件”和“螺丝钉”。

一言以蔽之，从前的时代，对绝大多数人而言，从不曾是“以人为本”的时代，而是将人“生产资料”化的时代。是的，它只不过将绝大多数人当成社会“资料库”里取之不尽用之不竭的积压物资……

因而从前的青年，无论农村里的青年还是城市里的青年，总体上共同缺乏的、最为缺乏的乃是人生的能动力。时代和社会本身，也便渐渐地失去了活力。青年与时代与社会的关系，几乎完完全全是被动的，是彻底的服从与主宰的关系。这一种关系一向地没有丝毫的松动，直至1966年才松动了一次——于是从前的青年在“文革”中宣泄地表演他们的政治参与能量，那是他们的人生能动力唯一被允许和怂恿体现的方面……

与中国以往任何时代的青年相比，20世纪70年代和80年代出生的中国青年，毫无疑问是幸运得多的——这不但是当代中国青年的幸运，也体现着当代中国的发展和进步。

首先，在人与时代与社会的关系方面，他们不再背负家庭出身的十字架了。每个人在任何时代都是有家庭出身的，家庭出身在从前的时代，亦即社会对人的阶级归类法。从前的几代中国青年，在胎里就被打上了阶级的烙印。自呱呱落地那一天起，就被社会戴着阶级归类法的有色眼镜看待之了。倘他们中谁身上的阶级烙印不是“红色”的而是所谓“黑色”的，那么他们的一生，命中注定了是与出身挣扎不休的一生，几乎至死仍以他们的失败而告终，如果他们没能活到“改革开放”以后的话……

其次，他们不必再以人生最大的，尤其是青年时代最精华的能动力，去追求时代和社会对人最严格的认知性。从前的时代和社会，是多么政治化的时代和社会不言自明。优秀青年的前提是政治上优秀与否，而且只有这唯一的前提。而且政治上优秀与否的标准，随着时代和社会阶级斗争之弦的绷紧，定位越来越“高”越来越荒唐，直至演变成“文革”时期实际上反时代反社会的标准。从前的时代，青年们的个人鉴定实际上是政治鉴定，个人履历实际上是政治履历。故从前的青年，档案中倘记载下了“政治不成熟”，那就意味着一辈子“不成熟”了；倘履历中有政治性的不利裁定，那就意味着一辈子的人生被提前裁定了。其后无论在别的方面多么积极努力，都难以受到极端政治化的时代和社会的信赖了。往往，在其他方面越积极努力，越受怀疑，其人生也越不顺利。至于其他方面的才能，注定了的受鄙薄。最好的结果，也不过争取到了“可用而不可重用”的资格。尤其可怕的是，许许多多的人似乎有法定的权力，在某一个具体的青年完全不知的情况之下，将几乎等于判人以“死缓”的政治鉴定，塞入那一青年的档案。

家庭出身，政治鉴定，人只要摊上了两项中的一项“异类”显示，就像摊上了癌症一样。那需要特别能忍的人生熬受力，才会主观上“照常”活着。若两项都在青年时期不幸摊上了，人生就悲惨了。

当今之青年，毕竟的，不再会被以上两种十字架的阴影所笼罩了。当今之青年，除非他将自己的人生坐标点确定在政治舞台上，否则不必以青年时期最精华的能动力，去竞标社会和时代高悬的政治之标。当今之青年，即或政治上真的不成熟，甚而真的偏激，也自有其可以不成熟和可以偏激的权利。只要自己不因而走向反时代反社会的人生反面，是有权而且可以一边带着不成熟的政治思想一边在其他方面，比如文艺才能、科技才能、商业才能等等方面努力追求其人生愿望的。只要才能被公认，一样获得时代和社会的尊重。人们即使对他们的政治思想不以为然，但对他们被公认了的其他方面的才能是不会加以抹煞的。

当今之青年，也不太会受城市户口或农村户口的终生捆绑了。户口在某些方面，对于当今之青年们仍具有人生的限制性，但与中国以往任何时代相比，那限制性是小得多了。

当今之社会和时代，已基本上形成了这样的理念，那就是——中国的每一座城市，包括首都北京在内，已不仅是城市人的城市和北京，同时也是属于广大农村青年的。只要他们愿意，他们可以到各个城市，包括北京寻求他们人生的机遇。当然别忘了带身份证。只要遵纪守法，只要他们靠了人生的能动力和实际技能，哪怕是最简单的技能，也可以在城市和北京生存下去，那么他们的此种权利基本上是不受剥夺的。比如北京电视台的节目主持人田歌，就曾将一名外地长住北京的捡破烂的青年农民请入演播室做嘉宾。他以他的城市生存表现获得了北京某小区居民的信赖和欢迎。他离开了那小区后，北京居民还要设法寻找到他。有些城市，包括北京，几年前就开始向在城市生存表现优秀的“打工仔”和“打工妹”颁发过表彰证书……

以上两方面的幸运之外，起码还有以下诸方面权利，乃是从前任何时代的中国青年连梦想都不敢梦想的：

跨国交往与谋求人生发展的权利——这一点其实已毋庸置疑。仅要指出的是，在从前的时代，一名青年，哪怕只不过其家庭有所谓“海外关系”，包括有香港、澳门和台湾方面的三代以上的远亲关系，人生的底片似乎便有了可疑的背景。哪怕几封有时仅仅一封父辈甚或祖父辈与“海外”的正常通信，都会使一名青年在政治上被划入“另册”，而自己浑然不觉，任凭多么地努力向上，都难以获得学校、单位、时代和社会的亲和对待。自然的，至“文革”，这一点发展到了压迫他们的程度……

学习权利——在从前的时代，家庭出身和以上一点，决定一名高考成绩优异的青年，不配或只配被什么样的大学录取，并决定他们毕业后的分配去向和人生前途……

择业权利——在从前的年代，除了少数高干子女，一名青年自己是绝然地没有什么择业权利可言的。被分配到什么地方，什么行业，什么单位，其人生的句号便往往注定了标在那里。出国谋业是“天方夜谭”。“外企”意味着是一个外星词……

人权——在从前的年代，无论普遍的中国人，还是普遍的中国青年，所能享受到的几乎仅仅是生存权。生存权以外的其他种种权利，都严重缺乏法律应该规定的种种保障。其单位的领导，往往自认为是权力的化身，有时几乎是可以代表法律来对一个中国人或一名中国青年实施制裁的。公检法往往无须调查取证，而根据某级组织的建议，对其依“法”逮捕、审讯拘押和判刑。现在，任谁都可以拿起法律的武器保护自己的人权了。新闻和社会等方面，也都能担负起对中国人维护合法权益的关注和对司法公正的监督了……

人生观的自由——在从前的时代，中国人及中国青年，一旦被认为“人生观”有问题，那么几乎就意味着是时代的“次品”了。现在的中国，从理念上不但允许而且认可“人生观”的多元化是正常的自然的社会现象，一个人及一名青年，在不危害社会与他人的前提之下，哪怕自践及时行乐的人生观，那也仅是其个人的事，仅体现其对自己的人生责任罢了。时代的主流理念，虽倡导人对自己的人生应负有责任，但并不对某些人自己宁愿的活法横加干涉，更不至于予以剪除式的打击。

真的，当代中国青年的人生观及爱情观婚姻观，不但五花八门，而且得以在最大程度上自以为是……

道德观——道德观包含在人生观中。时代仅仅划出了"道德底线",告诫青年们若突破那底线,便可能触犯法律的边线。因为道德的底线与法律的边线几乎是粘连着的。当代青年,享受着中国从前任何时代都不曾批准给青年们的、最大程度的道德指责"豁免权",致使某些青年,将青春的美好和日子挥霍在"道德底线"上,也将人生的小舞台搭在"道德底线"上,而且自以为是最现代最潇洒最自由的活法。

我个人认为,一个人,尤其一名青年,终日活在"道德底线"上是没什么意思的,掰开了揉碎了说,更没什么潇洒可言。

我个人认为,一个国家一个民族倘有太多的青年以活在"道德底线"上为最快意的活法,对这个国家这个民族是堪忧的。这不会使这个国家这个民族的青年成为世界上多么坏的一批青年,因为毕竟有法的边线与道德底线粘连着,电网似的威慑着他们的突破;但却也不能使这个国家这个民族的青年成为世界上多么可爱的一批青年。因为据我了解,别的国家别的民族的青年,其实非我们想象的那样,也都以活在"道德底线"上为快意的活法。相反,他们普遍主张寻求超越"道德底线"之上的活法。那么一种活法也许更不负青春和人生意义,那么一些青年也许更可爱……

生活方式——当代中国青年正享受着极多元化的生活方式。在这一点,时代、社会和青年,已形成了中国以往任何时代都不曾出现过的宽松、相互接受的局面。

文化娱乐——当代中国人,尤其青年,在文化娱乐方面的幸运,是接近着当代世界水平的。仅仅由读小说,看电影和看戏剧构成文化娱乐内容的时代已成历史,一去不返。当代文化娱乐的内容,二十年间膨大了何止十倍!

综上所述,既不但是当代中国青年的幸运,也体现着当代中国的发展和进步……

一个人,尤其是一名青年,终日活在“道德底线”上是没什么意思的,更没什么潇洒可言。但当下许多青年面对聒噪不休的大文化,内心痛苦、沮丧,而且备感低贱和屈辱——中国文化也应该及时反思。

然而,倘以为当代中国青年全体生逢着以上种种的幸运,便也顺理成章地全体浸泡在注满了幸福液的时代的浴缸里,那么我几乎等于在这里进行欺世之说了。

不,不是这样的。

时代发展和进步的惠利,永远不可能像同一锅炉加温的、使人的身体舒适无比的淋浴水,通过统一的莲花喷头遍洒在每个人身上,而且可以由每个人自己来控制水温。

人类社会还从未经历过如此美好的时代。

由于青年们家境的不同,个人的先天资质和条件不同,决定着他们出生以后,不可能在同一起点上开始自己的人生。比如有的出生于寒门,有的成长于富家;有的父母操权握柄,有的父母积劳成疾;有的被上帝赋予了好的容貌、嗓子和身姿,打理人生的能动力加上令人眼羡的机遇,入世不久便成为演员、歌星、节目主持人、模特、运动员等等,于是年纪轻轻住豪宅,开名车,并且爱情浪漫美满,于是春风得意,人生一路顺遂,喜事接踵;而有的却以残疾人的体貌,自幼开始在这世界上的唯一一次“竞走”,人生对于自己等于磨难不休的代名词……

那些都叫“命运”。是如基因一样纯粹先天的人生元素,与时代和社会无涉的,也是难以依赖时代和社会的扶持与幸运者们共舞的。只能靠自己后天对人生的耐受力和对磨难的坚忍,像战士一样而不是像这世界的贵客和嘉宾一样实践人生……

但，时代和社会的原因，毕竟是影响更多数青年人生季节的大气象，使当代中国青年中的一部分，虽幸逢“改革开放”却也实际上并无幸福可言。比如经济发展状况的不均衡问题；比如传统大工业的解体造成的失业问题；比如农民负担过重的问题；比如社会保险和慈善事业不完善的问题；比如官员的作威作福，挥霍、浪费和贪污腐化漠视百姓疾苦的问题，使中国有些省份农民的生活仍处在很低很低的水平线上，使有些城市里一批接一批地产生新时期的城市贫民——这样一些家庭中的青年，其人生无疑仍是举步维艰的。倘要追求到人生的一点点满意，无疑是极不容易的。对他们一味回忆从前时代的苦，以启发他们感受现在的甜，是既不能使他们真的觉得幸运，更不能使他们真的觉得幸福的。

时代和社会的原因，乃是时代和社会必须承担的义务。什么时候时代和社会的义务在以上方面作为显著了，什么时候他们才会向时代向社会交一份发自内心填写的调查表……

现在的中国，虽一年比一年重视教育，大学虽然每年都在扩招，但我们是一个十三亿多人口的国家，大学仍不能做到宽进严出，应试教育仍不能从根本上改变，每年跨进大学校门的青年，倘包括了农村青年统计，仍只不过是百分之几。而且，为了维持教育的良性发展，从小学到大学的学费，高到了使不少家庭望洋兴叹而且却步的程度。城市里的少年、青年，因学业竞争的压力而疲惫；穷困农家、穷困地区的少年、青年，因交不起学费而不得不背对教育。在科技如此迅猛推广的现在，少年和青年们背对教育的人生，未来怎样，是可想而知的……在以后若干年内的中国，他们也许离提高人生质量的就业机会越来越远了……

毫无疑问，科技的发展必然促成科技的产业化；科技的产业化必然带来新型的就业机会。但是,也毫无疑问,科技的产业化,是以摧毁传统的工业模式和工业链条为前提的,而支撑后者的,又是为数众多的传统型的、只善操单一工种的工业技工。科技的发展所带来的十项乃至更多项新型的就业机会,其所能吸纳的就业人员的总合,往往抵不上被其淘汰的一种传统工业所造成的失业人数的几分之一,或几十分之一。也就是说,在新派生的科技产业代替传统工业的转型期,失业是面积式的现象,就业是点式现象,而且,科技产业所需要并择优吸纳的,必然是高知识结构的青年。他们起码当有大学毕业的科技产业入场券。无此入场券的青年,将被阻挡在展示新型就业机会的时代场馆入口外,那么他们几乎只能去从事社会服务工作。后一种工作较之前一种工作,是薪金低得多的工作。被无情挡在新型就业机会的时代场馆入口外的青年们,做好了充分的心理准备了么?何况,时代和社会倘未开创好足够他们就业的社会服务工作,有待他们自己去一点一滴地干起来……

在从前的时代,清贫和穷困的生活无论在农村还是城市,都是普遍的现象。没有比衬对象,人眼就难见差别,人心就无物可羡。倘非强调从前的时代也有差别,在农村,那也不过就是两名青壮年劳力一天各挣几角钱之间的微小差别。而在城市,同代人之间的工资差别,最大不超过十元,亦即相差一级或一级半的工资。而且,那十元钱,一般便是同代人之间一辈子的差别。完全不同的工作,几乎相同的工资,这是从前的"中国特色"。

但是现在不一样了。无论在城市还是在农村,两个家庭,两个中国人,两个青年之间的收入差别,可能十几倍,可能几十倍,可能百余倍,用天地之别形容也不过分。而且,巨大的差别,就咄咄逼人地呈现于近旁,并被形形色色的文化反反复复地渲染着,人想装作不知道都是不可能的。

如果说从前的青年只能安于时代强使之的普遍的低收入现状，那么当代的低收入青年，则难免会在咄咄逼人的差异比衬面前内心充满了焦躁，而且深深地痛苦着。

中国的文化应该反省一下的。全世界恐怕没有哪一个国家的文化，像中国当代文化这么的势利眼。倘仅仅从电视中来感受中国，那么将会对中国产生极大的错觉，以为它已然是世界上最富裕的国家了；以为每一户中国人家的收入都已高得不得了，因而如果不天天追求时尚，进行高消费，钱就会变成负担之物了。

有些商业广告接近着厚颜无耻。比如某些房地产广告，比如某些珠宝钻戒广告。它们的意思一言以蔽之那就是——“多便宜呀！”而其标价对于工薪阶层，如画在天空上的饼之对于饥汉。或曰本就不是向老百姓做的广告，那么就应该把意思说得更明白——“对于富人多便宜呀！”那些广告犯的不是语焉不详的错误，而是故意混淆广告受众群体的常识错误。

有些报刊热衷于宣扬 30 岁以前成为百万富翁是容易的。而我们都知道，这不但在中国对于大多数中国青年不容易，在全世界对于大多数外国青年也不容易。

中国有 13 亿多人口。比 10 年前多了近 3 亿。比 30 年前多了近一倍，“文革”时期中国还是 7.5 亿人口。青年人数究竟翻了几番，小学算术能力也能算得出。

在这样一个人口众多的国家，大多数人能够过上普通人的生活，已然是国家幸事，已然是中国人幸事。而时下的大文化似乎总在齐心协力地诱惑人们——富有的生活早已摆在你面前，就看你想要不想要了！

许多当代中国青年，面对如此聒噪不休的大文化，包括每每睁着两眼说瞎话的传媒，内心不但痛苦，沮丧，而且备感低贱和屈辱……

与从前时代的中国青年相比，当代之中国青年，半数以上在确确实实地迷惘着。甚至，也可以说确确实实地体会着另一种不幸……

然而，中国毕竟在向前发展着。

扑朔迷离的中国经济，近年正出现着有根据乐观的拐点。

时代变了，是为“道变”。

“道”既变，人亦必变。

变了的时代，衍生出新的时代人。新的时代人不可能适应从前的时代（尽管他们对现在也不见得多么适应），因而他们不会让时代退回到从前，因而他们必将时代继续推向前去，并在此过程中渐渐适应他们所生逢的时代，并渐渐提高他们打理自己人生的能动力……

归根结底——时代发展的潮流不可抗拒，其实意味着的是这样的法则——倘新的时代人衍生出来了，他们解决他们和时代的关系的方式也是新的，不可抗拒的。他们与时代共同舞向前去的能动力是不可抗拒的。

因为他们明白，他们的希望在前头，而不是在从前……

初恋杂感

我的初恋发生在北大荒。

许多读者总以为我小说中的某个女性，是我恋人的影子。那就大错特错了。她们仅是一些文学加工了的知青形象而已，是很理想化了的女性。她们的存在，只证明作为一个男人，我喜爱温柔的、善良的、性格内向的、情感纯真的女性。

有位青年评论家曾著文，专门研究和探讨一批男性知青作家笔底下的女性形象，发现他们（当然包括我）倾注感情着力刻画的年轻女性，尽管千差万别，但大抵如是。我认为这是表现在一代人的情爱史上惨淡的文化现象和倾向。开朗活泼的性格，对于年轻的女性，当年太容易成为指责与批评的目标。在和时代的对抗中，最终妥协的大抵是她们自己。

文章又进一步论证，纵观大多数男性作家笔下缱绻呼出的女性，似乎足以得出结论——在情爱方面，一代知青是失落了的。

我认为这个结论是大致正确的。

我那个连队，有一排宿舍——破仓库改建的，东倒西歪。中间是过廊，将它一分为二。左面住男知青，右面住女知青。除了开会，互不往来。

幸而知青少，不得不混编排。劳动还往往在一块儿。既一块儿劳动，便少不了说说笑笑，却极有分寸。任谁也不敢超越。男女知青打打闹闹，是违反行为规范和道德准则的，是要受批评的。

但毕竟都是少男少女，情萌心动，在所难免，却都抑制着。对于当年的我们，政治荣誉是第一位的，情爱不知排在第几位。

星期日，倘到别人的连队去看同学，男知青可以与男知青结伴而行，不可与女知青结伴而行。为防止半路会合，偷偷结伴，实行了“批条制”——离开连队，由连长或指导员批条，到了某一连队，由某一连队的连长或指导员签字。路上时间过长，便遭讯问——哪里去了？刚刚批准了男知青，那么随后请求批条的女知青必定在两小时后才能获准，堵住一切“可乘之机”。

如上所述，我的初恋于我实在是种“幸运”，也实在是偶然降临的。

那时我是位尽职尽责的小学教师，23岁，已当过班长、排长，获得过“五好”战士证书，参加过“学习毛主席著作积极分子代表大会”。但没爱过。

我探家回到连队，正是9月，大宿舍修火炕，我那二尺宽的炕面被扒了，还没抹泥。我正愁无处睡，卫生所的戴医生来找我——她是黑河医校毕业的，27岁，在我眼中是老大姐。我的成人意识确立得很晚。

她说她回黑河结婚。她说她走之后，卫生所只剩卫生员小董一人，守着四间屋子，她有点不放心。卫生所后面就是麦场，麦场后面就是山了。她说小董自己觉得挺害怕的，最后她问我愿不愿在卫生所暂住一段日子，住到她回来。

我犹豫，顾虑重重。她说：“第一，你是男的，比女的更能给小董壮胆。第二，你是教师，我信任。第三，这件事已跟连里请求过，连里同意。”我便打消了重重顾虑，表示愿意。那时我还没跟小董说过话，卫生所一个房间是药房（兼做戴医生和小董的卧室），一个房间是门诊室，一个房间是临时看护室（只有两个床位），第四个房间是注射室、消毒室、蒸馏室。四个房间都不大，我住临时看护室，每晚与小董之间隔着门诊室。

除了第一天和小董之间说过几句话，在头一个星期内，我们几乎就没交谈过，甚至没打过几次照面。因为她起得比我早，我去上课时，她已坐在药房兼她的卧室里看医药书籍了。她很爱她的工作，很有上进心，巴望着轮到她参加团卫生员集训班，毕业后由卫生员转为医生。下午，我大部分时间仍回大宿舍备课——除了病号，知青都出工去了，大宿舍里很安静。往往是晚上10点以后回卫生所睡觉。

“梁老师，回来没有？”

小董照例在她的房间里大声问。

“回来了！”

我照例在我的房间里如此回答。

“还出去吗？”

“不出去了。”

“那我插门啦？”

“插门吧。”

于是门一插上，卫生所自成一统。她不到我的房间里来，我也不到她的房间里去。

“梁老师！”

“什么事？”

“我的手表停了，现在几点了？”

“差 5 分 11 点，你还没睡？”

“没睡。”

“干什么呢？”

“织毛衣呢。”

我清清楚楚地记得，只有那一次，我们隔着一个房间，在晚上差 5 分 11 点的时候，大声交谈了一次。

我们似乎谁也不会主动接近谁。我的存在，不过是为她壮胆，好比一条警觉的野狗——仅仅是为她壮胆。仿佛有谁暗中监视着我们的一举一动，使我们不得接近，亦不敢贸然接近。但正是这种主要由我们双方拘谨心理营造成的并不自然的情况，反倒使我们彼此暗暗产生了最初的好感。因为那种拘谨心理，最是特定年代中一代人的特定心理——一种荒谬的道德原则规范了的行为。如果我对她表现得过于主动亲近，她则大有可能猜疑我“居心不良”。如果她对我表现得过于主动亲近，我则大有可能视她为一个轻浮的姑娘。其实我们都想接近，想交谈，想彼此了解。

小董是牡丹江市知青，在她眼里，我也属于大城市知青；在我眼里，她并不美丽，也谈不上漂亮，我并不被她的外貌吸引。

每天我起来时，炉上总是有一盆她为我热的洗脸水。接连几天，我便很过意不去。于是有天我也早早起身，想照样为她热盆洗脸水。结果我们同时走出各自的住室。她让我先洗，我让她先洗，我们都有点不好意思。

那一天中午我回到住室，见早晨没来得及叠的被子叠得整整齐齐，房间打扫过了，枕巾有人替我洗了，晾在衣绳上。窗上，还有人替我做了半截纱布窗帘，放了一瓶野花。桌上，多了一只暖瓶，两只带盖的瓷杯，都是带大红“喜”字的那一种。我们连队供销社只有两种暖瓶和瓷杯可卖，一种是带“语录”的，一种是带大红“喜”字的。

我顿觉那临时栖身的看护室，有了某种温馨的家庭气氛。甚至由于三个耀眼的大红“喜”字，有了某种新房的气氛。

我在地上发现了一截姑娘们用来扎短辫的曲卷着的红色塑料绳，那无疑是小董的。至今我仍不知道，那是不是她故意丢在地上的，我从没问过她。

我捡起那截塑料绳，萌生起一股年轻人的柔情。受一种莫名其妙的心理支配，我走到她的房间，当面还给她那截塑料绳。那是我第一次走入她的房间，我腼腆之极地说：“是你丢的吧？”她说：“是。”我又说：“谢谢你替我叠了被子，还替我洗了枕巾……”她低下头说：“那有什么可谢的……”我发现她穿了一身草绿色的女军装——当年在知青中，那是很时髦的，还发现她穿的是一双半新的有跟的黑色皮鞋。我心如鹿撞，感到正受着一种诱惑。她轻声说：“你坐会儿吧。”我说：“不……”立刻转身逃走。回到自己的房间，心仍直跳，久久难以平复。晚上，卫生所关了门以后，我借口胃疼，向她讨药。趁机留下纸条，写的是——我希望和你谈一谈，在门诊室。我都没有勇气写“在我的房间”。一会儿，她悄悄地出现在我面前。我们也不敢开着灯谈，怕突然有人来找她看病，从外面一眼发现我们深更半夜地还待在一个房间里……

黑暗中，她坐在桌子这一端，我坐在桌子那一端，东一句，西一句，不着边际地谈。从那一天起，我算多少了解了她一些：她自幼失去父母，是哥哥抚养大的。我告诉她我也是在穷困的生活环境中长大的。她说她看得出来，因为我很少穿件新衣服。她说她脚上那双皮鞋，是下乡前她嫂子给她的，平时舍不得穿……

我给她背我平时写的一首首小诗，给她背我记在日记中的某些思想和情感片断——那本日记是从不敢被任何人发现的……

她是我的第一个“读者”。

从那一天起，我们都觉得我们之间建立了一种亲密的关系。

她到别的连队去出夜诊，我暗暗送她，暗暗接她。如果在白天，我接到她，我们就双双爬上一座山，在山坡上坐一会儿，算是“幽会”。却不能太久，还得分路回连队。

我们相爱了，拥抱过，亲吻过，海誓山盟过。都稚气地认为，各自的心灵从此有了可靠的依托。我们都是那样地被自己所感动，亦被对方所感动，觉得在这个大千世界之中，能够爱一个人并被一个人所爱，是多么幸福、多么美好！但我们都没有想到过没有谈起过结婚以及做妻子做丈夫那么遥远的事，那仿佛的确是太遥远的未来的事，连爱都是“大逆不道”的，那种原本合情合理的想法，却好像是童话……

爱是遮掩不住的。

后来就有了流言蜚语，我想提前搬回大宿舍，但那等于“此地无银三百两”。继续住在卫生所，我们便都得继续承受种种投射到我们身上的幸灾乐祸的目光，舆论往往更沉重地落在女性一方。

后来领导找我谈话，我矢口否认——我无论如何不能承认我爱她，更不能声明她爱我。不久她被调到了另一个连队。我因有着我们小学校长的庇护，除了那次含蓄的谈话，并未受到怎样的伤害。你连替你所爱的人承受伤害的能力都没有，这真是令人难堪的事！后来，我乞求一个朋友帮忙，在两个连队间的一片树林里，又见到了她一面。那一天淅淅沥沥地下着雨，我们的衣服都湿透了，我们拥抱在一起流泪不止……后来我调到了团宣传股，离她的连队一百多里，再见一面更难了……我曾托人给她捎过信，却没有收到过她的回信，我以为她是想要忘掉我……一年后我被推荐上了大学。据说我离开团里的那一天，她赶到了团里，想见我一面，因为拖拉机半路出了故障，没见着我……1983年，《这是一片神奇的土地》获奖，在读者来信中，有一封竟是她写给我的！

算起来，我们相爱已是十年前的事了。

我当即给她写了封很长的信，装信封时，即发现她的信封上，根本没写地址。我奇怪了，反复看那封信。信中只写着她如今在一座矿山当医生，丈夫病故了，给她留下了两个孩子……最后发现，信纸背面还有一行字，写的是——想来你已经结婚了，所以请原谅我不给你留下通讯地址。一切已经过去，保留在记忆中吧！接受我的衷心的祝福！

信已写就，不寄心不甘，细辨邮戳，有“桦川县”字样，便将信寄往黑龙江桦川县卫生局，请代查卫生局可有这个人，然而空谷无音。初恋所以令人难忘，盖因纯情耳！纯情原本与青春为伴，青春已逝，纯情也就不复存在了。如今人们都说我成熟了，自己也常这么觉得。近读青年评论家吴亮的《冥想与独白》，有一段话使我震慑——

> 大概我们已痛感成熟的衰老和污秽……事实上纯真早已不可复得，唯一可以自慰的是我们还未泯灭向往纯真的天性。我们丢失的何止纯真一项？我们大大地亵渎了纯真，还感慨纯真的丧失，怕的是遭受天谴——我们想得如此周到，足见我们将永远地离远纯真了。号啕大哭吧，不再纯真又渴望纯真的人！

他正是写的我这类人。

姻缘备忘录

屈指算来，为人夫十三载矣。

人生真是匆匆得令人恐慌。

17年前，我从上海复旦大学毕业，成为北京电影制片厂文学部最年轻的编辑之后，曾受到过许多关注的目光。10年“文革”在我的同代人中遗留下了一大批老姑娘，每几个家庭中便有一个。一名28岁的电影制片厂的编辑，还有“复旦”这样的名牌大学的文凭（尽管不是正宗的），看去还斯斯文文，书卷气浓，了解一下品德——不奸不诈，不纨袴不孟浪，行为检束，于是同事中热心的师长们和阿姨们，都觉得把我“推荐”给自己周围的某一位老姑娘简直就是一件义不容辞的历史责任……

然而当年我并不急着结婚。

我想将来成为我妻子的那个姑娘,必定是我自己在某种“缘”中结识的。

我期待着那奇迹,我想它总该多多少少有点儿浪漫色彩的吧?

也觉得组建一个小家庭对我而言条件很不成熟。我毫无积蓄,基本上是一个穷光蛋。每月 49 元工资,寄给老父老母 20 元,所剩也只够维持一个单身汉的最低生活水平,平均一天还不到 1 元钱。

结婚之前总得“进行”恋爱,恋爱就需要一些额外的消费。但我如果请女朋友或曰“对象”吃一顿饭,那一个月肯定就得借钱度日。而我自己穷得连一块手表都没有,兵团时期的手表大学毕业前卖了,分配到北影一年后还买不起一块新表。

当然,我不给老父、老母寄钱,他们也能吃得上穿得上。他们也一而再、再而三地叮嘱我,为自己结婚积蓄点儿钱吧!但我每月照寄不误。我自幼家贫,28 岁时家里仍很穷,还有一个生病的哥哥常年住在医院里。我觉得我可以 38 岁时再结婚,却不能不在 28 岁时以自己的方式报答父母的养育之恩。对老父亲、老母亲我总有一种深深的负疚感——总认为 28 岁了才开始报答他们(也不过就是每月寄给他们 20 元钱)已实在是太晚了,方式也太简单了……

在期待中我由 28 岁而 32 岁,奇迹并没有发生,“缘”也并没到来。我依然的行为检束,单身汉生活中没半点儿浪漫色彩。

四年中我难却师长们和阿姨们的好意,见过两三个姑娘,她们的家境都不错,有的甚至很好。但我那时忽然生出想调回哈尔滨市,能近在老父母身旁尽孝的念头,结果当然是没“进行”恋也没“进行”爱……

念头终于打消,我自己为自己"相中"了一个姑娘,缺乏"自由恋爱"的实践经验,开始和结束前后不到半个小时。人家考验我而我不能理解为什么对我还需要考验(又不是入党)。误会在半小时内打了一个结,后来我知道是误会,却已由痛苦而渐渐索然。这也足见"自由是有代价的"这话有理。

于是我现在的妻子某一天走入了我的生活,她单纯得很有点儿发傻,26岁了决然地不谙世故。说她是大姑娘未免"抬举"她,充其量只能说她是一个大女孩儿,也许与她在农村长到十四五岁不无关系……她是我们文学部当年的一位党支部副书记"推荐"给我的。那时我正写一部儿童电影剧本,我说悠悠万事唯此为大,待我写完了剧本再考虑。

一个月后我把这件事都淡忘了。可是"党"没有忘记,毅然地关心着我呢。

某天"党"郑重地对我说:"晓声啊,你剧本写完了,也决定发表了,那件事儿,该提到日程上来了吧?"

倏忽地我觉得我以前真傻,"恋爱"不一定非要结婚嘛!既然我的单身汉生活里需要一些柔情和女性带给我的温馨,何必非拒绝"恋爱"的机会呢!

这一闪念其实很自私,甚至也可以说挺坏。

于是我的单身汉宿舍里,隔三日岔五日的,便有一个剪短发的、大眼睛的大女孩儿"轰轰烈烈"而至,"轰轰烈烈"而辞。我的意思是——当年她的生气勃勃,走起路来快得我跟不上。我的单身宿舍在筒子楼,家家户户走廊里做饭。她来来往往于晚上——下班回家绕个弯儿路过。一听那上楼的很响的脚步声,我在宿舍里就知道是她来了。没多久,左邻右舍也熟悉了她的脚步声,往往就向我通报——哎,你的那位来啦!

我想,"你的那位"不就是人们所谓之"对象"的别一种说法吗? 我还不打算承认这个事实呢!

于是我向人们解释——那是我"表妹",亲戚。人们觉得不像是"表妹",不信。我又说是我一位兵团战友的妹妹,只不过到我这儿来玩的。人们说凡是"搞对象"的,最初都强调对方不过是来自己这儿玩玩的……

而她自己却俨然以我的"对象"自居了。邻居跟她聊天儿,说以后木材要涨价了,家具该贵了。她听了真往心里去,当着邻居的面儿对我说——那咱们凑钱先买一个大衣柜吧!

搞得我这位"表哥"没法儿再窘。于是的,似乎从第一面之后,她已是我的"对象"了。非但已是我的"对象"了,简直就是我的未婚妻了。有次她又来,我去食堂打饭的一会儿工夫,回到宿舍发现,我压在桌子玻璃板下的几位女知青战友、大学女同学的照片,竟一张都不见了。我问那些照片呢? 她说她替我"处理"了,说下次她会替我带几张她自己的照片来,而纸篓里多了些"处理"的碎片……她吃着我买回的饺子,坦然又天真。显然的,她丝毫也没有恶意,仿佛只不过认为,一个未来家庭的未来的女主人,已到了该在玻璃板下预告她的理所当然的地位的时候了。我想,我得跟她好好地谈一谈了。于是我向她讲我小时候是一个怎样的穷孩子,如今仍是一个怎样的穷光蛋,以及身体多么不好,有胃病、肝病、早期心脏病等等。并且,我的家庭包袱实在是重哇! 而以为这样的一个男人也是将就着可以做丈夫的,意味着在犯一种多么糟糕、多么严重的大错误啊! 一个女孩子在这种事上是绝对将就不得、凑合不得、马虎不得的。但是嘛,如果做一个一般意义上的好朋友,我还是很有情义的。当时的情形恰如一首歌里唱的——我向她讲起了我的童年/她瞪着大而黑的眼睛痴痴地呆呆地望着我……

我曾以这种颇虚伪也颇狡猾的方式，成功地吓退过几个我认为与我没“缘”的姑娘。

然而事与愿违，她被深深地感动了，哭了。仿佛一个善良的姑娘被一个穷牧羊人的命运感动了——就像童话里所常常描写的那样……

她说：“那你就更需要一个人爱护你了啊！”

于是我明白——她正是从那一时刻开始真正爱上了我。

我一向期待的所谓“缘”，也正是从那一时刻显现了面目，促狭地向我眨眼的……

三个月后到了年底。

某天晚上她问我：“你的棉花票呢？”

我反问：“怎么，你家需要？”

我翻出来全给了她。

而她说：“得买新被子啦。”

我说：“我的被子还能盖几年。”

她说：“结婚后就盖你那床旧被呀？再怎么不讲究，也该做两床新被吧？”

我瞪着她一时发愣。

我暗想——梁晓声你还有什么好说的？看来这个大女孩儿，似乎注定了就是那个叫“上帝”的古怪老头赐给你的妻子。在她该出现于你生活中的时候，她最适时地出现了……

十个月后我们结婚了。我陪我的新娘拎着大包小包乘公共汽车光临我们的家，那年在下 32 岁，没请她下过一次“馆子”。

她在我 11 平方米的单身宿舍里生下了我们的儿子。3 年后我们的居住条件有所改善，转移到了同一幢筒子楼的 1 间 13 平方米的住室里……

妻子曾如实对我说——当年完全是在一种人道精神的感召下才决定了爱我。当年她想——我若不嫁给这个忧郁的男人还有哪一个傻女孩儿肯嫁给他呢？如果他一辈子讨不上老婆，不就成了社会问题？

我相信她的话，相信她当年肯定是这么想的。细思忖之，完全可能像她说的那样。当年肯真心爱这样的一个穷光蛋，并且准备同时能做到真心地视我的老父老母弟弟妹妹为自己亲人的，除了她，我还没碰着。

她是唯一没被我的"自白"吓退的姑娘……13 年间我的工资由 49 元而五十几元而七十几元而八十几元、九十几元……

1992 年底，我的基本工资升至 125 元……

13 年间她的工资由五十几元而六十几元、七十几元、八十几元渐次升至一百多元……

1992 年以前她的工资始终高于我的工资十几元。

1992 年我们的工资一度接近，但她有奖金，我没有奖金，实际工资仍比我高。

现在，她的单位经济效益不错，实际工资则比我高得多了。

我有稿费贴补，生活还算小康。而我们的起点，却是从一穷二白开始的，着实过了五六年拮据日子呢！

我几乎整个儿影响了她——我不喜欢娱乐，尤其不喜欢户外娱乐，故我们这三口之家，是从来也不曾出现在娱乐场所的。最传统的消遣方式，也不过就是于周末晚上，借一盘或租一盘大人孩子都适合看的录像带，聚一处看个小半通宵。我对豪奢有本能的反感——所以我的家是一个俭约的家，从大到小，没一样东西是所谓"名牌"。我们结婚时的一张木床，当年 57 元凭结婚证买的。我不能容忍一日三餐浪费太多的时间精细操作，一向强调快、简、淡的原则。而她是喜欢烹饪的，为我放弃爱好，练就了一种能在十几分钟内做成一顿饭的本事，她常抱怨自己变成了急行军中的炊事员。我还不许她给我买衣服，买了也不穿。我的衣服鞋子，大抵是散步时自己从早市上买的。看着自己能穿，绝不砍价，一手钱，一手货，买了就走。仿佛自己买的，穿起来才舒适。大上其当的时候，也无悔，不在乎。有时她见我穿得不土不洋，不伦不类，枉自叹息，却无可奈何。而在这一点上至今我决不让步。我偏执地认为，一个男人为买一件自己穿的衣服而逛商场是荒诞不经的，他的老婆为他穿的衣服逛商场也是不可原谅的毛病。因为那时间从某种意义讲已不完全属于她，而属于他们。现代人的闲暇已极有限，为一件衣服值得吗！她当然也因她当妻子的这一种"特权"被粗暴取消与我争执过，但最终还是屈从于我，彻底放弃了"特权"，不得不对我这个偏执的丈夫实行"无为而治"……

儿子一天天长大了，渐渐地我觉得自己老之将至了，精力早已大不如前。每每看妻子，似乎才于不经意间发现似的——她也早已不是当年的大女孩儿，脸上有了些许女人的岁月沧桑的痕迹……

我最感激的，是我老父亲、老母亲住在北京的日子里，她对他们的孝心。我老父亲生病时期，我买了一辆三轮车，专为带老父亲去医院。但实际上，因为我那时在厂里挂着行政职务，倒是她经常蹬着三轮车带我老父亲去医院。不知道老人家是我父亲的，还以为是她父亲呢。知道了却原来是我的父亲，无不感慨多多。如今，将公公当自己的父亲一样孝顺的儿媳，尤其年轻的儿媳们，不是很多的……

我最感到安慰的，是我打算周济弟弟妹妹们的生活时，她一向是理解的，支持的。我的稿费的一半左右有计划地用于周济弟弟妹妹们的生活。我总执拗地认为我有这一义务。能尽好这一义务便感到高兴。在各种社会捐助中,尤其对穷人,对穷人孩子的捐助,倘我哪一次错过,下一次定加倍补上。不这么做,我就良心不安。贫困在我身上留下的印痕太深,使我成为一个本能的毫无怨言的低消费者。旧的家具、旧的电视机,不一定非要换成新的,换成名牌。几千元我拿得出来的情况下,倘我无动于衷,我便会觉得自己未免"为富不仁"了,尽管我不是"大款",几千元不知凝聚着我多少"爬格子"的心血。没有一个在此方面充分理解我对穷人的思想感情并支持我的妻子,那么家里肯定经常吵闹无疑……

好丈夫是各式各样的。除了吸烟我没有别的坏毛病,除了受过两次婚外情感的渗透我没什么"过失"。我非是"登徒子"式的男人,也从不"拈花捻草""招蜂惹蝶"。事实上,在男女情感关系中我很虚伪。如果我不想,即或与女性经年相处,同行十万八千里,她们也是难以判断我究竟喜爱不喜爱她们的。我自认为,我在这一方面常显得冷漠无情,并且,我不认为这多么好。虚伪怎么会反而好呢?其实我内心里对女性是充满温爱的。一个女性如果认为我的友爱对她在某一时期某种情况之下极为重要,我今后将不再自私。

最重要的,我的妻子赞同我对友爱与情爱的理解。在这一前提下,我才能学做一个坦荡的男人。我不认为婚外恋是可耻之事,但我也不喜欢总在婚外恋情中游戏的一切男人和女人。爱过我的都是好女孩儿和好女人,我对她们的感激是永远的。真的,我永远在内心里为她们的幸福祈祝着……

我对妻子坦坦荡荡毫无隐私,我想这正是她爱我的主要之点。我对她的坦荡理应获得她对我的婚外情感的尊重,实际上她也做到了。她对我"无为而治",而我从她的"家庭政策"中领悟到了一个已婚男人怎样自重和自爱……

好妻子也是各式各样的。以前的那个大女孩儿，用时间充分证明了她是一个好妻子——最适合于我的"那一个"。

我给未婚男人们的忠告是——如果你选择妻子，最适合你的那一个，才是和你最有"缘"的那一个。好的并不都适合，适合的大抵便是对你最好的了……

信不信由你！

男人是女人的镜子

男人是女人的镜子。通过她所爱的男人，可以判断她大抵属于哪一类女人。不爱而做了某一男人妻子的，不在此例。错误的，将错就错，遗憾的，遗憾而无法改变的婚姻过去有，现在有，将来还有。正如不幸之永远不能避免。

其实中国人的婚姻观念，自古并不彻底封建。比如《汉书·孙光传》中即云——"夫妇之道，有义则合，无义则离。"本意指感情的真伪，但也包含着"无义"则"散伙"的主张。北刘·颜之推《颜氏家训·止足篇》又云——"婚姻勿贪势家。"隋朝的王通《文中子》一针见血地指出——"婚姻论财，夷虏之道"，斥为未开化民族的勾当。《水浒传》第二十五回，有句话是——"初嫁从亲，再从身"，说得相当明白，第一遭依了父亲，第二遭就依不得任何人，要依自己了。足见自古并不万众一心地认为"嫁鸡随鸡，嫁狗随狗”是合乎礼法的。

男人是各式各样的，时代的文明使男人的行色多起来。若取一种笼统的划分法，无非也这么几类：只能当官的、也能当官的、不能当官的、不愿当官的。他们都是女人的镜子。

“服官政”其实是正当的“行业”，能当官的也是“一技之长”。但中国的问题在于，“只能”当官的男人太多了。这是男人的退化，也是男人的悲哀，同时是中国女性面临悲哀现实之一种。由于当官和“干革命”似乎连在一起，便使“只能”当官的男人不愿正视这一悲哀，更不愿将“只能”归于“物种”的退化。似乎当到老便意味着革命到老，当到死便意味着终生革命。并且，制造似乎“革命”的理论维护自己的利益，使很多当妻子的既迷惘又迷惑。早期的男性革命家大抵并非“只能”当官，他们有的可以从文，有的可以从艺，有的可以当教书先生或大学教授，有的可以当木匠、瓦匠，乃至农民。如今“只能”当官的男人，那真是“只能”一条道路到黑。你不让他当了，他便几乎就是废人一个了。据说在一次什么会上，有一种形成舆论的情绪色彩很强烈的“抗议之声”——认为干部60岁便退休，未免太早了。要求起码延到65岁，延到70岁更好。主张修正干部离休制的年限，我十分怀疑便是“只能”当官的一些男人们的委屈。

所以我对未婚女性们的忠告是——择夫时，对“只能”当官的男人，须敬而远之。

经济体制的改革，最终必将带动中国政治体制的改革。终生“服官政”的男人的仕途之路将被堵塞，他想一条道跑到黑也不行。我们冷静观察生活，三十来岁四十多岁的男人中，正在退化的男人着实不少。他们大概是心甘情愿地乐在其中地退化。我从两个过去的知青伙伴身上便看到了这一咄咄逼人的可悲现象。不过是个处级，一旦这处级受到动摇，惶惶然不可终日之状令人哂笑。四方登门，八面奉迎，好比久病乱投医。后又眉舒目朗渐渐地活转来，乃因终于又谋求到了一个比处级大一点儿的职务，且因高了名不正言不顺的那“一点儿”沾沾自喜。但在这谋求的过程中失去了什么，却似乎毫不在乎。我不仅替他，也替他的妻子感到活得累。一旦再从那“一点儿”上动摇下来，他可怎么活呢？

也能当官的男人显然应该比只能当官的男人活得从容些，活得踏实些。我在“比”前加上“应该”两个字，意在强调从逻辑上讲是这样，但实际情况并不尽然。也能当官的男人们是些幸运的男人，大抵属于知识分子一类，如医生、律师、高等教育工作者、科研工作者、工程师、科学家、艺术家、文学家等等。他们的职业较“服官政”的男人们相对长久得多，几乎可以成为终生的。并且不像普通劳动者们，工作水平受到年龄和体质的非常限制。所谓一技在身，终生所依。其中又尤以医生和律师更为优越，越老越有威望，职业经验也越丰富。医院的院长、大学的校长、科研单位的领导者，大抵是从他们中产生的。他们对自己的职业专长越自信，越不情愿当官。当上了也不将“乌纱帽”看成怎么一档子事。需要我当，我便当；不需要我当了，八仙归位。也有为了解决房子问题、夫妻两地生活问题，讲好一个条件，“下海”三年五载的。女人爱他们的同时，意味着培养了对某一职业的情感，而非对权势的偎傍。但这些男人，在中国始终是不断分化着的社会群体。一所名牌大学可有一百多名教授，但只能有一位校长。将专门的人才异变为庸官，是中国的弊端之一。既不但是某些男人的退化，其实也是时代的退化现象。既不但是某些男人的悲哀，其实也是国家的悲哀。

贤明的女人，对于如此这般的她们的丈夫，总是要时时提醒——别忘了你原本是怎样的人，别到头来成了“只能”当官的人，使他们于迷津中常有所省悟，在还没到“只能”的地步，回头是岸。

目光短浅的女人，却总是对她们的丈夫大加怂恿，向他们吹送“万般皆下品、唯有当官高”的枕边风。所以他们的异变，的的确确也是某些女人们的过错。有时听到这样的夫妻争吵，很是耐人寻味，男人愤愤然说：“我早就要不当，你偏不同意！现在好，让我去干什么？”女人亦愤愤然说：“谁长那前后眼来，想到你会半途而废！”

中国目前仍是一个尚未矫正“官本位”的国家，她们是时代的产物，她们的懊悔不及的丈夫是她们的副产品。她们和他们的争吵，乐观点儿估计，还要继续一二十年。

不能当官的男人不是绝对没有当官能力的男人，他们是各行各业的劳动者。劳动者中有不少聪明的人、智慧的人、干练的人，他们的能力往往被埋没。中国是一个有 11 亿人口的泱泱大国，不埋没人才是根本不可能的。他们当官的能力有时恰恰在刚显示出来的时候，便被周围的人挫顿或彻底扼杀了。其中幸运者，偶被上司赏识，委以微职，便往往誓心以报了。一位小百货公司的头头，未必在能力上远远不及一位大商场的经理。一位商场的经理，未必不能当商业局长。但能不能当官，是相当复杂的事，诚如老百姓总结的——“说你行你就行，不行也行；说你不行就不行，行也不行。”在中国这一现象你不服不行。于是劳动者中那些聪明的人、智慧的人、干练的人，大抵臣服于现实，其能力不是向外伸延，而往往谨慎收缩。以自己的小家庭画一个圆，在极有限的圆周内显示，他们的家庭便是他们的事业。他们的工作只不过是他们的工作。在他们的家里，从各方面可观察到他们的理财能力、治家能力、巧妙改善生活环境的能力和丰富生活内容的能力，以及培养子女所花的精力和心血。他们精打细算，他们一人多能，堪称各类工匠。一言以蔽之，他们是些生活能力极强的男人，而且他们完善自身的愿望也是动人的。他们其实多才多艺，有能诗会画的，有爱根雕的，有爱收藏的，有爱书法的。与“只能”当官的男人和从也能当官的男人中分化出去继而异变的男人相比，他们更是合格的男人。在困难艰险的条件下，有些男人会束手无策，他们不会。在外国，有些中国男人会饿死，他们不会。与有些知识分子对生活的索然心态相比，他们显得分外热爱生活、热爱生命。

他们以前曾被很不公正地一概贬之曰“小市民”。

其实，为男人，他们具有新的时代性的启示和意义。

我若是未婚的女人，我会将自己择夫的视野拓放得更宽广些。我绝不将目光盯在那些“只能”当官的男人身上。和他们生活在一起，总有一天会明白是很“懊糟”的事，也绝不将目光聚在从“也能”往“只能”异变的男人们身上。这二者在我看来都是没出息的，我倒宁肯选择劳动者中那些聪明的、智慧的、干练的男人。

这个时代“生产”出了太多太多除了文凭和学历其他一切方面太差太差的男人。科举时代早已过去，时代需要的是不但有文凭有学历而且有实际能力的男人。女人们也是。总有一天时代将宣布，它不需要太多太多的“书生”，他们过剩了。而女人们也将宣布，她们看重的不只是男人的文凭和学历。

男人是女人的镜子，女人是男人的学校。反过来不成立，女人并非男人的镜子。男人选择女人的内容要较女人选择男人的内容肤浅得多，不易全面映照出他的生活观念。男人也并非女人的学校，男人可以舍得花钱“包装”他所爱的女人，可以用他自己的生活观念改变女人的生活观念，可以用他的思想方法影响女人的思想方法，但他无法教导女人如何更女性化，因而男人对女人从本质上说没有塑造力。当代女人选择男人的困难比任何时代都大得多了，这个时代注定了是女性的大苦闷时代。但愿我的这些闲言碎语，道破一些简单的生活表象，捅穿男人们的一层窗糊纸，对妻子们重新认识自己的丈夫，对未婚女性选择丈夫，有那么一点点参考价值……

女人不是残缺不全的男人

“女人是残缺不全的男人。”

两千多年前，有个男人这么说。

他是伟大的男人。

他的名字叫亚里士多德。

他的话被许多男人所信奉，而且尽是些有文化教养的男人，没有文化教养的男人不把亚里士多德当一回事，也就根本谈不上信奉他的话。

于是便有一个叫美狄亚的女人曾哀叹：“在一切有理智、有灵性的生物当中，女人是最不幸的。”

而上帝在亚里士多德和美狄亚之间，无疑是偏袒亚里士多德的。从《旧约全书》中可以看到，因为上帝也是男的，因为上帝觉得女人不过是他用男人的一根肋骨造就的，是他赐予男人的“配偶”。

女人在男人眼里，一直不过是他们的配偶，包括一切杰出的女人在内。

大概连上帝也意识到了自己对男人的偏袒，所以他又说——谁能找到一个有德性的妇女，她的价值远胜过珍珠。——以此表明自己对女人的礼赞。

但上帝毕竟是男的。他对女人礼赞的时候，他的逻辑也不能超出女人是男人的“配偶”这一纯粹男人的观点。

上帝从来也没有这么说过——谁能找到一个有德性的男人，他的价值远胜过珍珠。

尽管上帝从来没这么说过——但有德性的女人一直在苦苦寻找有德性的男人们。找到了有德性的男人们的女人们，远比找到了美貌的女人的男人们少。

这应该是男人们的大悲哀。

上帝还说过——让女人默默地，完全顺服地学习。我不许女人讲道，也不许她管男人，只要她沉静。因为先造的是亚当，然后才是夏娃。有一个男人不赞同上帝的话，他说——“男人，有的平静，有的好斗，但是每个女人都是生活的女王。”他的名字叫蒲伯。

现在对于女人公正评价的男人是越来越多了，因为现在只能做女人的配偶的男人是越来越多了，因为现在不甘于只能做男人的配偶的女人是越来越多了。于是世界变得更加生气勃勃了，于是世界在许多判断方面改变了。事实上，女人乃一个家庭、一个民族、一个国家的镜子。事实上，女人对男人的影响与男人对女人的影响对一个家庭、一个民族、一个国家来说同样巨大而且重要。事实上，女人从来不是残缺不全的男人。事实上，女人一旦觉悟到她们不是残缺不全的男人，则她们在人类生活的各个方面，都有可能比男人们表现得更为出色。事实上，本身残缺不全的男人，要比本身残缺不全的女人多得多。残缺不全的男人太多了，一个民族就不振，一个国家就衰败。中华民族之女性们的觉悟，预示着不管怎样我们民族明天的历史将比昨天和今天书写得更多彩。

在男人们普遍"疲软"——当然也包括我自己——的这一个时代，如果女人们仍甘于只能做男人的配偶，那我们民族的男人和女人，恐怕也只有叹息——哦，上帝啊……

敬意正源于并非如此的根据。我常困惑我们的民族是怎么了，看去很健朗的男人们尽在唱"一无所有"，凄凄哀哀地央求一个女人握住他的手，这就跟他走……（绝不包含有对崔健的讽意，事实上我既喜爱他也喜爱他这首歌，我只不过将这首歌当做男人们的自白。）

而女人们却在苍凉地引吭高歌——我的故乡并不美，低矮的草房苦涩的井水……一片贫瘠的土地上，收获着微薄的希望，住了一年又一年，生活了一辈又一辈……我要用真情和汗水，把你变成地也肥来水也美。

而女人们却在苍凉地引吭高歌——我家住在黄土高坡，大风从坡上刮过……不管过去了多少岁月，祖祖辈辈留下我，留下我一望无际唱着歌，还有身边这条黄河……不管是八百年还是一万年，都是我的歌……

那一种苍凉之中的穿透历史的充满生命力的遒劲和刚毅啊，常使我听来泪如泉涌！我仿佛看到在古老的黄河岸畔，迎高原大风屹立着的脚腕儿黧黑的女人……于是我便联想到了那幅著名的油画《巴黎的母亲》……那些女人们苍凉而遒劲的歌出自西北女人的自白，不正是中华民族的自白吗？那么，能唱出这样的歌的女人，就请接受一个男人的虔诚的敬意吧！每每正是在这样的时刻，我更加意识到什么样的男人，才配是炎黄子孙，配是我们中华民族的热血男儿……同时更加意识到我自己残缺不全的是什么，以及我们民族残缺不全的是什么……

女性共同拥有什么?

常有报刊、电台、电视台的记者(多为女性记者)正式或非正式地向我提问——你认为当今的女性与以往各时代的女性相比有哪些区别?

我总是被问得发怔,一时不知怎么回答。被问的次数多了,也就不免想想了。

我以为,在今天,在中国,“当代女性”四个字,越来越是模糊不清的,甚至每每显得暧昧的概括。以至于如果我们不是较具体地就各类不同的女性,比如工人女性、农民女性、白领女性、中小知识者女性、演艺界女性、科技型女性、党政官员型女性等等——去分别谈论她们,则我们几乎不可避免地陷入懵懂的尴尬。因为她们之间的种种当代现状分野实在是太大了,笼统摆放一起,是根本无法相提并论的。除了性别,他们之中的任何一类,几乎无法在其他诸方面代表同性的姐妹们。

但是尽管如此,我们依然不能否认这样一个事实,自改革开放以来,总体而言,当代女性与以往年代的女性相比,区别是明显的,这体现在以下诸方面:妇女受高等教育的机会多了,人数也大大增加了;随着商业时代的特征越来越明显,相当一部分青年女性,开始从事如服装模特、公关小姐、美容师、节目主持人、外国商务代办等职业;女性越来越受到法律的充分关怀和保护,法律自卫意识普遍提高;女性的爱美之心空前生动积极,她们已不但为“悦己者容”,而且为“悦己”而“容”了;在各行各业中,女人们不但与女人们,也与男人们进行着有时是相当激烈的才干竞争;女性文化空前活跃,男性世界的方方面面,越来越经常地开始被置于女性文化的评论乃至批评和批判视野了……

而最主要的区别是女性对婚姻质量的要求普遍提高了,不再甘于“嫁鸡随鸡,嫁狗随狗”。“离婚”二字,以往的年代,惯是男人威胁妻子的话，现在她们听了往往不再惧怕了。“离就离！”——一句话就把丈夫们顶得哑口无言。男人在家庭生活中是女人的“天”的历史地位，应该承认基本上被女人们颠覆塌了，并且绝对地不可能再重建起来了。以往的时代，一个不幸的忍气吞声受丈夫欺压的妻子，最能获得她的同性姐妹们的同情。现在，她们施与同情时态度相当保留，因为忍气吞声自然被认为是不争。“怒其不争”每每取代“哀其不幸”，因为但凡一争，那不幸在今天已经很容易解脱的了。

虽然当今的女性与以往时代的女性相比，使我们不难发现具有了以上种种区别。但是冷静分析，我们则又不得不做出这样的结论——某些区别，更体现在甚至仅体现在大都市女性身上；某些区别，更体现在甚至仅体现在大都市中高收入的女性身上。这个时代的女性风景线，尽管色彩亮丽，但只不过是极少一部分女性营造给时代看的，或反过来说，只不过是时代为极少一部分女性营造的。

对于当今的女性，我有两点大的困惑：其一，一部分受过高等教育的所谓“知识女性”，以及在物质和精神两方面都非常优越起来了的女性，对于大多数同性姐妹们的困境命运，几乎可以说是漠不关心的；其二，某些穷困山区的姐妹，为了与“买卖婚姻”抗争甚至能豁出性命，而在大都市里，一些知识化了的、经济绝对独立了的她们，却往往直销自己于男人不遗余力。

当今中国女性，除了性别共同拥有什么？我觉得这个问题，其实更应由女性思索，而且更应由女性回答……

女人们，悠着点儿。

在一次茶话会上，一位法国的将军问伊丽莎白·泰勒：“你知道吗？法国妇女因为受你的影响，一年用于服饰和化妆品上的钱，比法国整个军费预算还要多上一倍。”

“我一点儿也不觉得惊奇，将军。”泰勒回答说，“因为她们所征服的，却要超过整个法国军队的何止十倍！”

日前有几位男士到家里做客，各自诉说他们的妻子用于服饰和化妆品方面的支出猛增，皆面呈忧色，愁眉不展。我不知怎么安慰他们才好，于是讲了上面一则逸闻。其中一位男士听后愤愤叫道：“我可不希望我的妻子除了我还要去征服许多男人！”

另一个嘟哝：“如果全世界的妇人在买服饰和化妆品的时候，都悠着点儿，我们这个世界该省出多么巨大的一笔钱啊！倘用于科研，用于医学，用于教育，用于文化艺术，用于救助贫困落后地区的……”

第三个长长叹了口气，委屈之至又悒悒不乐地说：“岂止服饰和化妆品两项啊，只要她们的钱包不瘪，还定期烫发式，定期进美容院，怕胖的去体型训练班，已经胖了的喝减肥茶、吃减肥药，不漂亮的要靠花钱变得漂亮点儿，够漂亮的要靠花钱企图求得养颜之术芳容常驻，要靠高档服装衬托气质……”

“还是从前好，女人当妻子了，自己先就盼望有一台缝纫机。想穿什么样式的衣服，扯几尺布自己剪裁，自己做就是了！”“从前还只有雪花膏，那当年很便宜是不是？买五六毛钱的就够用几个月了！”“现在怎么哪儿都买不到雪花膏了呢？”“据说缝纫机的生产量也大大下降了！十个女人中，有几个还会踩缝纫机的？”于是诸友人都有些怀旧起来，逐条摆谈从前的好处……

我坐在一旁，插不上话，内心里不禁暗暗地想——站在男人的立场，从前固然有从前的好处，但一个无可争议的事实乃是——从前的女人们，似乎普遍的比不上今天的女人们风韵百种……

世界上的有些事，确实是互为悖论的。从这一端去思想，得出这样的结论；从那一端去思想，得出那样的结论。这样的结论有道理，那样的结论也不无根据。两方面的结论，好比人的左脸和右脸，组合在一起，就是世界的面孔了。世界的面孔是经不起细端详的，有时倒是不去也不必认真思想的好。

正如女人的消费问题——未尝不是对人类物质文明的一大贡献呢！商业为女人的存在而更加繁荣，更加繁荣的商业赚女人的钱。从女人的钱包里赚了去的钱，也是叫做“剩余价值”，也是叫做“商业利润”的。而且是极庞大的“剩余价值”和巨额利润。商业有了庞大的“剩余价值”和巨额利润，才舍得大方地投出一部分，资助研究、医学、教育、文化艺术，救助贫困落后的地区……

如果说生生死死是人类故事的基本情节之一，那么生产和消费也是人类故事的基本情节之　。男人女人，归根结底，都是夹在这两大周而复始的循环情节中存活着的，不同仅仅在于角色的区别。大角色小角色，都要由生到死，从本质而论，首先都是一个消费的人，其次才是一个生产和创造着的人……

何况，与某些男人们比起来，女人们的消费又算什么呢？有了些钱的男人们不是随着就想拥有一辆车吗？有了一辆“夏利”不是总巴望着换成“桑塔纳”，甚至“尼桑”，甚至“奔驰”吗？……一辆高级轿车又顶得上多少套时装多少化妆品呢？够一个女人穿一辈子用一辈子了吧？

不过，我作为一个男人、一个丈夫，还是经常很有责任地告诉妻子——不要太轻信某些化妆品广告。我至今就没真的见过脸黑的、皱纹多的、皮肤粗糙的女人因消费了多少多少什么什么牌的化妆品而变得脸白了、皱纹少了、皮肤细腻了。我坚定地认为一切化妆品都根本不能达到这样的效果。一切化妆品之于女人的脸,大概好比桌布枕套之于桌子枕头的关系。妻子撤去桌布拆洗枕套的时候,常使我联想到女人们若洗尽了脂粉铅华的脸。我也经常很有责任感地告诫妻子——不要到一些所谓"贵族商厦"去买衣服——最好的衣服是最合体也是最大方素雅的,我这么认为。我们还不是那种足可以高高兴兴地让商业去赚90%以上的利润的人家……

我的妻子赞同我的观点。

倘我有了——再有个女儿是不可能的了——有了儿媳妇的话,我是打算要送她一台缝纫机的。并且要使她明白——一个女人穿自己剪裁缝制的服装,那乃是多大的乐趣啊!并且还要使她明白——化妆品广告绝不可以轻信,但有些报刊上的美容经验,却不妨实践之。不和商品推销连在一起的经验,才更可能是真经验。

中国是泱泱大国,女人有好几亿,少个把为商业做利润贡献的女人,并不至于影响国民经济总产值……

让我们爱憎分明

让我们共同体验爱憎分明之为人的第一坦荡、第一潇洒、第一自然吧!

几经犹豫我才决定写下这一行题目,写时我的心理竟十分古怪——仿佛基督徒写下了什么亵渎上帝的字句。仿佛我心怀叵测,企图向世人散布很坏的想法。我能预料到某些人对这样一个题目的忐忑不安，他们大抵是些丧失了爱憎分明之勇气的人，这使我怜悯。我能预料到某些人对这样一个题目的不以为然乃至愤然，他们大抵是些毫无正义感的人，并且希望丑恶与美好混沌在我们的生活中。因为他们做人的原则以及选择的活法，更适应于丑恶而有违于美好。唯恐敢于爱憎分明的人多起来，比照出了自己心态的阴暗扭曲，甚至比照出了自己心态的邪狞。我不怜悯这样的人，我鄙夷这样的人。

世上之事，常属是非。人心倾向，便有善恶。善恶之分，则心之爱憎。爱憎分明之于人而言，实乃第一坦荡、第一潇洒、第一自然之品格。

古人云：审其所好恶，则其长短可知也。又云：民之所好，好之；民之所恶，恶之。

怎么的，现在，不少人，却像些皮囊里塞满稻草似的人？他们使你怀疑，胸腔内是否有我们谓之为“心”的器官，纵有，那也算是心吗？

男欢女爱之“爱”，他们倒是总在实践着。不但总在实践着，而且经验丰富。窃恨妒仇，也是从不放过体验机会的。不但自己体验，还要教唆别人，于是，污浊了我们的生活环境。在这些人看来世界大概是无是无非、无美无丑、无善无恶的。童叟仆跌于前，佯视而不见，绝不肯援一搀一扶之手，抬高腿跨过去罢了。妇妪呼救于后，竟充耳不闻，只当轻风一阵，何必“庸人自扰”？更有甚者，驻足“白相”，权做消遣。

苏格拉底说：“有人自愿去作恶，或者去做他认为是恶的事。舍善而趋恶不是人类的本性。”

苏格拉底是对的吗？

帕斯卡尔说：“我们中大多数人欲求恶。”又说：“恶是容易的。其数目是无限的。”还说：“某些人盲目地干坏事的时候，从来没有像他们是出自本性时干得那么淋漓尽致而又兴高采烈了。”

帕斯卡尔所指的是人类生活现象的一方面事实吗？

而屠格涅夫到晚年也产生了对人类及其生活的厌恶，他写了一篇优美如诗但情感色彩冷漠之极的散文——《山的对话》，就体现出了他的这种情绪。

当然我们不必去讨论苏格拉底和帕斯卡尔之间孰是孰非。人性本善亦或人性本恶早已是一世纪的命题，并且在以后的世纪必定还有思想家们继续进行苦苦的思想。

我要说，目前我们中国人中的某些人，似乎也患一种“疾病”，可否叫做“爱憎丧失症”？

爱憎分明实在不是我们人类行为和观念的高级标准。只不过是低级的最起码的标准。但一切高尚包括一切所谓崇高，难道不是构建在我们人类德行和品格的这第一奠基石上吗？否则我们每个人的内心必将再无真诚可言，我们的词典中将无“敬”字。

中国人口占世界人口四分之一。如果我们中国人在心理素质方面成为优等民族，那么世界四分之一人类将是优秀的。反之，又将如何？

思想哲人告诫人类——对善恶的无动于衷是人类精神最可怕的堕落。

生物学家则告诫我们——一类物种的灭绝，必导致生态链条的断裂，进而形成对生态平衡的严重威胁和破坏。

人类绝不是首先因憎激发了爱的冲动、力量和热情。恰恰相反，是由于爱的需要才悟到了憎的权力，好的教养可以给予我们爱的原则。懂得了这一点才算懂得了爱的尺度，也就懂得什么是恶了，也就必然学会了怎样用我们的憎去反对、抵制和战胜恶了。

爱憎分明的人是我们人类不可缺少的"物种"、是我们人类精神血液中的白血球、是细腰蜂、是七星瓢虫、是邪恶当前奋不顾身的勇敢的蚁兵。因了爱憎分明的人存在,才会使更多的人感到世上有正义,社会有良知,人间有进行道德监督和道德审判的所谓"道德法庭"。

我们中国人是很讲"中庸之道"的,但我们的老祖宗也留下了这么一句"遗嘱"——"道不同,不相为谋。"并指出——"物以类聚,人以群分。"

可是我们当代的有些人,似乎早把老祖宗"道不同,不相为谋"之"遗嘱"彻底忘记了,似乎早把"物以类聚,人以群分"这凭以自爱的起码的也差不多是最后的品格界线擦掉了。仅只恪守起"中庸之道"来,并且浅薄地将"中庸之道"嬗变为一团和气,于是中庸之士渐多。并经由他们,将自己的中庸推行为一种时髦。仿佛倡导了什么新生活运动,开创了什么新文明似的。于是我们不难看到这样的情形——原来应被"人以群分"的正常格局孤立起来的流氓、痞子、阴险小人、奸诈之徒,以及一切行为不端品德不良的居心叵测者,居然得以在我们的生活中招摇而来招摇而去,败坏和毒害我们的生活到了随心所欲的地步,所到之处定有一群群的中庸之士与他乘兴周旋逢场作戏握手拍肩一团和气。

我们常常希望有人拍案而起,厉曰:"耻与尔等厮混!"

对这样的人,我们心中便生钦佩。

我们环顾左右,觉得这样做其实并不需要太大的勇气,然而我们当中有许多人唯恐落个"出头鸟"或"出头的椽子"之下场。于是我们自己便在一团和气之中,终究扮演了我们本不情愿扮演的角色。

更可悲的是,爱憎分明的人一旦表现出分明的爱憎,中庸之士们便会摆出中庸的嘴脸进行调和,我们缺乏勇气光明磊落地同样敢爱敢憎,却很善于在这种时候作乖学嗲。

我们谁有资格说自己从未这样过呢?

因而我觉得我们首先应该憎恶我们自己,憎恶我们自己的虚伪。憎恶我们已经染上了梅毒一样该诅咒的“爱憎丧失症”。

那么,便让我们从此爱憎分明起来吧!

将这一希望寄托在别人身上,莫如寄托在我们自己身上。倘你周围确实无人在这一点上值得你钦佩,你何不首先在这一点上给予自己以自己钦佩自己的资格呢?如果你确想做一个爱憎分明之人,的确开始这样做了,我认为你便当然有自己钦佩自己的资格,你也当然应该这样认为。

以敢憎而与可憎较量,以敢爱而捍卫可爱,以与可憎之较量而镇压可憎之现象。以爱可爱之勇气而捍卫着可爱在我们的生活中发扬光大,让我们的生活中真、善、美多起来,再多起来!让我们在我们每一个人的生活范围内,做一块盾,抵挡假、丑、恶对我们自己以及对生活的侵袭,同时做一支矛。让我们共同体验爱憎分明之为人的第一坦荡、第一潇洒、第一自然吧!其后,才是我们能否更多地领略人类之种种崇高和美好的问题……

中年感怀

我越来越意识到,自己几乎每一天都在失去着一些东西。而所失去的东西,对任何人都是至可宝贵的。

首先是健康。

如果有人看到我于今写作时的样子，定会觉得古怪且滑稽——由于颈椎病，脖子上套着半尺宽的硬海绵颈圈，像一条挣断了链子的狗。由于腰椎病，后背扎着一尺宽的牛皮护腰带。由于颈和腰都不能弯曲，一弯曲头便晕，写作时必得保持从腰到颈的挺直姿势。仅仅靠了颈圈和护腰带，还是挺直不到头不晕的姿势，就得有夹得住稿纸的竖架相配合。小稿纸有小的竖架，大稿纸有大的竖架，大的竖架一立在桌上，占去半个桌面。不像是在写作，像是在制图。大小两个竖架——都是中国人民大学一位退了休的老师让人替她送给我的，可以调换两个倾斜度。我已经使用一年多了，却还没和她见过面。颈圈、护腰带、竖架，自从写作时依赖于这三样东西。写作之前，所做的预备，就如工厂里的技工临上车床似的了。有几次那样子去为客人开门，着实将客人吓了一跳……

于是从此失去了以前写作时的良好状态。每每回想以前，常不免地心生惆怅。看见别人不必“武装”一番再写作，也不免地心生羡慕。

朋友们都劝——快用电脑哇！

是啊，迟早有一天，我也会迫不得已地用起电脑来的。我说“迫不得已”，乃因对“笔耕”这一种似乎已经很原始的写作方式，实在地情有独钟，舍不得告别呢！汲足一笔墨水，摆正一沓稿纸，用早已定形了的字体，工工整整地写下题目，标下页码 1，想着要从这个 1 开始，一页页标下去，一直标到 100、500，乃至 1000，那一份儿从容，那一份儿自信，那一份儿骑手跨上骏马时的感受，大概不是面对显字屏、手敲按键所能体验到的啊！

想想连这一份儿写作者的特殊的体验也终将失去了，尽管早已将买电脑的钱存着了，还是一味地惆怅。

健康其实是人人都在失去着的。一年年的岁数增加着，反而一年比一年活得硬朗的人，毕竟是极少数。人也是一台车床，运转便磨损。不运转着，还生产什么，便似废物。宁磨损着而生产什么，不似废物般地还天天进行保养，这乃是绝大多数人的活法。人到四十多岁以后，感觉到自我磨损的严重程度了，感觉到自我运转的状况大不如前了，肯定都是要心生惆怅的。

也许惆怅乃是中年人的一种特权吧？这一特权常使中年人目光忧郁。既没了青年的朝气蓬勃，也达不到老者们活得泰然自若那一种睿智的境界，于是中年人体会到了中年的尴尬。体会到了这一种无奈的尴尬的中年人，目光又怎么能不是忧郁的呢？心情又怎么能不常常陷入惆怅呢？

我和我的中年朋友们相处时，无论他们是我的作家同行抑或不是我的作家同行，每每极其敏感到他们的忧郁和他们的惆怅。也无论他们被认为是乐观的人亦或自认为是乐观的人，他们的忧郁和惆怅都是掩盖不了的。好比窗上的霜花，无论多么迷人，毕竟是结在玻璃上的。太阳一出，霜花即化，玻璃就显露出来了。而那定是一块被风沙扑打得毛糙了的玻璃。他们开怀大笑时，眸子深处隐藏着忧郁和惆怅；他们踌躇满志时，眸子深处隐藏着忧郁和惆怅；他们做小青年状时，眸子深处隐藏着忧郁和惆怅；他们装得什么都不在乎时，眸子深处尤其隐藏着忧郁和惆怅。他们的眸子是我的心境。两个中年男人开怀大笑一阵之后，或两个中年女人正亲亲热热地交谈着的时候，忽然的目光彼此凝视住，忽然都从对方眼里看到了那一种企图隐藏到自己的眸子后面而又没有办法做到的忧郁和惆怅，我觉得那一刻是生活中很感伤的情境之一种，比从对方发中一眼发现了一缕苍发是更令中年人感伤的。

全世界的中年人本质上都是忧郁和惆怅的。成功者也罢，落魄者也罢，在这一点上所感受到的人生况味，其实是大体相同的。于是中年人几乎整代整代地被吸入了一个人类思想的永恒的黑洞——人生的意义究竟何在？

中年人比青年人更勤奋地工作，更忙碌地活着，大抵因为这乃是拒绝回答甚至回避思考的唯一选择。而比青年人疏懒了，比青年人活得散漫了，又大抵是因为开始怀疑着什么了。

中年人的忧郁和惆怅，对这世界是无害的，只不过构成着人类社会一道特殊的风景线罢了。而人类社会好比是一幅大油画，本不可以没有几笔忧郁的色彩惆怅的色彩。没有，人类社会就是一个大幼儿园了。

中年人的忧郁和惆怅，衬托着少女们更加显得纯洁烂漫，衬托着少年们更加显得努力向上，衬托着青年男女们更加生动多情，衬托着老人们更加显得清心寡欲，悠然淡泊。少女们和少年们，青年们和老者们的自得其乐，归根结底是中年人们用忧郁和惆怅换来的呀！中年人为了他们，将人生况味的种种苦涩，都默默地吞咽了，并且尽量关严"心灵的窗户"，不愿被他们窥视到。

中年人的忧郁和惆怅，归根结底也体现着社会的某种焦虑和不安。中年人替少男少女们、替青年们、替老者们，也将社会的某种焦虑和不安，最大剂量地默默地、默默地吞咽到肚子里去了。因为中年人大抵是做了父母的人，是身为长兄长姐的人，是仍身为长子长女的人，这是中年人们的一种本能，也是人类的一种本能。

中年人成熟了，又成熟又疲惫。咬紧牙关扛着社会的焦虑和不安，再吃力也只不过就是眸子里隐藏着忧郁和惆怅。

他们的忧郁和惆怅，一向都是社会的一道凝重的风景线。

谁叫他们，不，谁叫我们是中年人了呢！

论代沟

相当长一个时期以来，我认为代沟仅仅是不同代之人对同一事物的不同看法。最近我才渐悟——不同看法，那固然也是代沟现象的一个方面，但却并非主要的方面，更非本质的方面；而本质的方面是——对同一事物，上一代人不管多么强调关注它的必须性，下一代人竟根本连眼角的余光都不瞥过去一下。按鲁迅先生的话讲，此最大之轻蔑也。

对同一事物的看法，两代人或隔代人之间还发生争论，实在是上一代人上上一代人的欣慰。这一点起码证明，那事物以及对那事物的看法，下一代人或下下一代人们有点儿在乎着。

为什么我要指出是上一代人或上上一代人的欣慰，而不说是双方的欣慰呢？乃因归根结底，下一代的“在乎着”是暂时的、表面的，注定了要朝根本不再“在乎”转化过去的。细分析之，此时两代人之间的争论，即使显得似乎白热化，其实证明上一代人对下一代人就某事物的看法毕竟还是客观发挥着一些影响力。争论表明下一代人对此种“代”作用于“代”的影响力还多少有几分“在乎着”。同时，未尝不包含着下一代人对上一代人的情绪的照顾，那是代与代之间的感情的效应。

真相往往是这样——当下一代人对社会、对时代的认识还处在较初级的阶段，亦即对自己的适应能力尚无把握缺乏信心的阶段，“代”与“代”之间的偶尔争论是以上一代人的优势为特点的。简直又可以说，往往是上一代人首先发起的。此时下一代人从各方面来讲都处于劣势。无论他们仅仅是上一代人的儿女，或学生，或属下，或关系松散的社会群体。从性质上说，占尽优势的上一代人，在争论中往往表现出压迫的意味。谆谆教导，诲人不倦，不以为然，三令五申，反对禁止，总之是居高临下、好为人师的一套罢了。哪怕此时上一代人的看法是对的，是绝对对的；动机是好的，是绝对好的；见解堪称经验，是百分百的宝贵经验，都不能改变争论的性质。争论是什么？口舌之战而已。占尽优势的一方，就算刻意做宽宏大量之状、之秀，心理上也必是强硬的。明白胜券总归操在自己手中。而下一代，此时只有虚晃一枪，随之偃旗息鼓。那是他们的权宜之计，明智从来是人们处于劣势时的上策。

当下一代对社会、对时代的认识上升到了中级阶段，亦即对自己的适应能力有了些把握、有了些信心的阶段，于是代与代之间的争论从家庭到单位、到社会的各个层面开始频繁发生。这时候——几乎只有这时候，上一代人才恍然意识到，所谓“代沟”，在自己和下一代人之间已经形成。人类的社会，可以凭了良好的愿望和被它所促使的能动性，防止许多结果，消除许多结果的因素于端倪——但人类永远无法避免代沟，更不可能靠任何方法预先消除它的成因。它如生老病死，是人类社会自然和必然的规律。在上一代人那儿，这时候代沟仿佛刚刚形成，是自己所面临的一个新“问题”。而在下一代那儿，他们显然已经觉得忍受得太久了。他们有点急不可耐地要表达自己的看法了，要宣布自己的意见和主张了。总而言之，下一代要发言了。他们的这一种欲望此时特别强烈。他们的看法、意见和主张、理念和价值观，相对于上一代人所苦心构筑的社会和时代的稳定性以及伦理性秩序，往往意味着是叛逆、是挑战、是破坏、是颠覆，然而他们不准备一味妥协了。于是“代”与“代”之间的冲突无法掩盖，社会和时代的气氛，因此而令两代人甚至三代人都备感浮躁。隔代人无论是老的一代还是小的一代，处于关系紧张的两代人之间往往不知所措：怎么样都难以摆正自己的位置。争论通常是没有结果的，各执一词，据理力争，对错实难分清。所谓结果，往往已不由对错来决定，而由从家庭到单位到社会的各个方面，谁更强硬一些来决定。在家庭中，下一代人反而更强硬一些了。在家庭中，上一代人也开始学着明智了，开始研究妥协的艺术了，开始咀嚼不得已的退让是什么滋味了。尽管上一代人每每会装出不是退让而是迁就的"高姿态"，但双方都明白，上一代人对下一代人的长期影响，从此式微了。在单位，上一代人表面还占尽着优势，依然是能左右冲突的结局。但那已不是靠着从前的影响力和魅力在左右，而往往更是靠着身份、地位和权力了。倘不借助甚或完全依仗那些，上一代人对于下一代人的"冒犯"，便几乎束手无策了。或换一种说法，在下一代心目中，上一代人的主导能力，已经变得越来越削弱了。通常，下一代人并非总有意识地非要"冒犯"上一代人，而确实是由于两代人之间的种种分歧日愈加剧，下一代人跃跃欲试，渴望上升为主导的一代，以自己的理念和方式、方法，充分显示自己的能力。如此而已，仅此而已。"代"与"代"之间的冲突、摩擦、争论，于是处于"活动期"的状态，如同疾病在人的身体中处于"活动期"，这只是一个不甚恰当的比喻。代沟现象，无论对于社会、时代和两代人而言，如前所述，当然并不是什么疾病，也不是什么问题。

在代沟的"活动期"，各种社会和时代测试的指标表明，两代人共同关注的事物是多的，而不是少的。冲突、摩擦、争论，皆因"共同关注"。这是"代"与"代"之间，最后的紧密又紧张的关系，或曰"藕断丝连"的一种关系。

到了代沟的第三阶段，情形反过来了。共同关注的事物越来越少了，各自关注的事物越来越多了。此时的社会和时代，其实业已悄悄地完成了通常每被社会学家们所忽略的，可以称之为“第三种势力”的再分配，亦即除了政治和大经济（关乎国计民生的经济）之外，传统社会学词典中叫做意识形态的那一种势力的再分配。上一代人说它是意识形态，是世界观、人生观，下一代人并不那么看。在下一代人那儿，它只不过是与不同的人们的不同活法有关的一些自由选择而已。是的，下一代人正是首先在这一层面上，渐渐地，悄悄地，也是成功地突破了上一代人的种种束缚和限制。于是上一代人猛地发觉，在自己不经意间，下一代人早已疏远了自己，并且在对社会和时代的适应能力、自主性两方面，令他们惊讶地成长壮大了。从前上一代人每想，下一代人离开了自己可怎么办呢？故有时他们也是完全出于一种责任感和使命感，而一厢情愿地掌控着下一代人的活法。而此时，实际上被“抛弃”的，似乎更是上一代人，于是上一代人别提有多么失落。他们连想和下一代争论，不，哪怕仅仅是讨论的机会也几乎没有了。下一代人早已不愿再和上一代人讨论什么了，更不屑于争论什么。他们在自己的势力范围内如鱼得水，自得其乐，充分享受由自己的成长壮大而占领了的“根据地”。他们的人生状态看去也许远不如某些上一代人那么风光，那么意得志满。但他们确乎比上一代人活得率性、活得自我，而那往往是下一代人热爱生活的第一种理由。这一点，在上一代人那儿，一向是嗤之以鼻的。

因了他们对人的活法的理解已与上一代人大相径庭，甚至背道而驰，于是社会和时代中，产生出了新的种种的可用五花八门来形容的消费观、社交观、情爱观、婚姻观、择业观、审美观、娱乐观、伦理观等，不一而足。一言以蔽之，社会的许多方面都随之而改、而变。

代沟在这一个阶段“成熟”了，像一季果子成熟了。它定形了。我们都知道，成熟的果子不会再长大，却也不会再变小。而“成熟”了的代沟，不再冲突，也不再摩擦。因为，上一代人关注的，以为重要的事物，在下一代人那儿仿佛并不存在；而下一代人关注的，以为重要的事，上一代人已知之不多。那都是些新的事物呀！这时，几乎只有这时，代沟现象出现了反过来的情况——上一代人变得虚心，不耻下问了。有时，进而会变得以媚取悦了。上一代人的头脑之中于是发生了一种前所未有的迷惘与困惑，已搞不大清楚与下一代人之间的隔阂，是否便意味着是自己不可救药的落伍。他们开始放弃种种原本一向坚持的上一代人的原则，开始以讨好的“低姿态”向下一代人靠拢，并不被怎么友善地待见也不在乎了。上一代人与下一代人几乎只剩下了一个共同的话题，那就是——钱。即使对于钱，分歧也多多。在家庭里，在单位里，在社会的各方各面，“代”与“代”之间的关系，可以说已无“沟”，因为“井水河水互不犯”，就水平一片了。也可以说那“沟”已深得不能再深，连玩笑都被看不见的“沟”隔开着了，仿佛不同民族有着不同的语言。此时隔代冲突、摩擦、争论的现象已是鲜见之事，成心挑起也很难了。因为关系直接的两代人之间都不复那样了，隔代人还冲突个什么劲儿呢？

在代沟的“成熟”阶段，隔代人往往亲密有加起来。

我们回顾历史便会发现所谓“代沟”的另一条规律，或曰另一种真相——原来不管下一代人在上一代人心目中究竟是怎样的，社会和时代的天平最终总是要倾斜向下一代这边的。因为下一代，毕竟是一天比一天成长壮大着的一代。而他们给社会和时代注入的新内容、活力，肯定比上一代多。

代沟是人类社会一门永远的课程。在这一门课程中没有过一位先生，全人类一代一代皆是它的学生，谁想逃学、想旷课都办不到。也没有过任何标准答案，因为人类的社会和时代沧海桑田，今昔更替，是非对错永远被不断地反思和再认识、再检验。对于代沟这一张考卷，只有上一代和下一代人不同之解答方式的区别。对前者们，较好的解答方式其实只不过是顺其自然，以平常心接受并尊重它的真相。同时并不“媚下”，“媚下”也不配有上一代的自尊。

从哲学的角度讲，“同一事物”原本是不存在的。上一代人必须明白的起码一点是——自己们比下一代更应该做“代沟”这一门课程的好学生，而非下一代的先生……

关于母爱

关于母爱，已经有了很多赞美——如诗，如画，如雕塑，如戏剧、小说。甚至，还需加上新闻媒体的报道，而它告诉我们的，乃真人真事，进言之，乃人类最真实的那类母爱。

母爱是母亲的本能，这一点已经是人类公认的了。这本能之无私，往往是惊心动魄的。几年前我曾读到过一篇国外的报道——在地震中，一位母亲和她三岁的女儿同被压在房舍的废墟之下，历时七天七夜。怀抱着女儿，母亲心想：我死不足惜，但是女儿当活下去！由这一意念的支配，母亲咬破了自己的手腕，吮自己的血，时时哺于女儿口中。七天七夜后，营救者们挖掘出这母女时，女儿仍面有血色，而母亲肤白如纸，奄奄待毙。但她微笑了，她说："我的女儿有救了。"这是她人生的最后一句话。说完这句话，她就死了。几年前的几年前，我曾读到过一篇小说，篇名似乎是《面包》。短篇，仅两千余字，内容是——战争加荒年，哀鸿遍野，民不聊生。寂野，老树，昏鸦——瘫坐树下的中年母亲怀抱着幼小的儿子，饥饿已经使母子都没有了动一动的力气。走来了一名兵。兵的饥饿感也很强烈。但不是对面包，而是对女人。兵的背包中还有一个面包，于是他提议用半个面包和那母亲做一次性的"交易"。她其实并没有什么明确的反应，因为她已经快饿毙了。兵从她的眼神儿中觉得她似乎同意了。结果是兵的"饥饿感"一时解决了，而那母亲获得到了半个面包。面包一到手，她就狼吞虎咽起来。她早已饿得失去了理性呀！突然，她瞥见了被置于一旁的幼小的儿子——儿子正目瞪瞪地望着母亲。刹那间她的理性恢复了，但最后一小块儿面包也同时被她吃掉了。她当时同意"交易"时，其实是为儿子——她疯了……

这是一篇谴战小说，短而冲击人心，其冲击力恰在于它悖逆母性、悖逆母爱的反人性逻辑的结局设定。母性和母爱被煎在羞耻的铍上，一位母亲几乎也就只有疯。那是我读过的最难忘的短篇小说之一。"子欲养而亲不待"——此类"长恨歌"，往往会使儿女们痛不欲生，但一般也就是"不欲生"。但父母，尤其是母亲，若认为自己在生死线上或能救儿女之命而居然丧失了机会，那她的心灵所受到的自责的拷打，是十倍百倍地超过于儿女因"亲不待"而感到的悲伤的。

我们何必举太多的例子证明母性和母爱的这一种特征呢？这根本是无需证明的，它是连在动物界也体现得昭然若揭的。许多种母兽、母禽，在眼见其幼子、幼雏陷于生死险境之际，每每不惜以身为饵，以死相救。不管面对的是凶残的狮、虎、豹，还是猎人的枪……

我们接下来主要谈的，却是母性和母爱的另一特征——那就是，在我们这个地球上，只有母亲，而且只有人类的母亲，她的爱心往往向她最不幸，最无生存竞争能力，包括先天或后天残疾了的儿女倾斜。

大抵如此，男人总希望娶漂亮的女人为妻，女人总希望嫁或有社会地位或有钱财或有权力或英俊潇洒风流倜傥的男人。无论男人或女人，大多数都愿交"有用"的朋友。所以古人有言："大丈夫处世，当交四海英雄。"所以文人有言："谈笑有鸿儒，往来无白丁。"所以"公门暇日少，穷巷故人稀"。所以"人生当贵显，每淡布衣交。谁肯居台阁，犹能念草茅"遂成人间感慨。

但母亲，却最怜爱她那个最"没用"的儿女。儿女或呆傻，或疯癫，或残疾，或瘫痪，或奇丑无比，人间许许多多的母亲，都是不嫌弃的。倘那是她唯一的儿女，那么她总在想的事几乎注定了是——"我死后我这可怜的儿子（或女儿）怎么办？谁还能如我一样地照料他，关爱他？"倘那非是她唯一的儿女，她另外还有几个有出息的儿女，不管他们表示将多么的孝敬她，不管他们将为她安排下多么无忧无虑的幸福生活，她的心、她的爱，仍会牢牢地拴在她那个最"没用"的儿女身上。她会为了那一个儿女，回绝另外的儿女的孝敬，向期待着她去过的幸福生活背转了身，甘愿继续守护和照料她那个最"没用"可能同时还是最丑陋的儿女，直至奉献了她的一生，而无怨无悔。

真的，人类母亲们身上所体现出的这一种母爱的特征，的的确确是唯有人类的母亲们的人性中才具有的。

动物界没有。

动物界往往相反——它们的母亲几乎一向"明智"地抛弃生存能力太差的后代。

大多数父亲们往往也做不到像母亲们那样。他们的耐心往往没有母亲们持久，他们的爱心往往也没有母亲们那么加倍、那么细致入微。

我不敢说我们人类的母亲们身上所体现的这一种母爱特征是多么的伟大。

因为早已有人开始不停止地攻击我是什么可笑的“道德论者”了。我清楚地知道他们中有人对我的不停止地攻击是由于不停止地拿了一小笔又一小笔的雇佣金。尽管他们并不觉得自己“拿起笔做刀枪”的受雇行径不道德，尽管我非但不惧怕他们反而极端地蔑视他们，但我却不愿又留下空子给他们钻……

我想说——我感动。

真的！

对我们人类母亲们身上所体现的异乎寻常的母爱特征，很久以来，我感动极了！

20世纪80年代初发生在美国的一件事，想必是许多中国人也都知道的——一对中年夫妇喜得一子，但那孩子刚一出生就被诊断为病孩儿，而且是一种不治之症。身体不能与没消过毒的空气接触。一旦接触就会受感染而死亡。

医生告诉父母：“你们的儿子将只能在一个特制的每天必须经过严格消毒的玻璃罩子中生存和长大。你们还打算要他吗？”

父亲犹豫起来，喜事变成了不幸。

医生又说：“你们有权拒绝接受他，还没有一条法律要求你们必须接受这样一个儿子。如果你们不接受，我们将人道……”不待医生说完，母亲哇地大哭了，她的心难过得快碎了。她悲泣着说：“不，不，不！但他毕竟是我的儿子！但他毕竟已经出生了！我要他活，不惜一切代价要他活……”母亲的决心感染了父亲，也感动了父亲。父亲也坚定地说：“对，我们不惜一切代价也要他活！他有权活完他应得的一段生命！”于是那婴儿就活了下来——在特制的玻璃罩里，在医院。父母每周都到医院去看自己的儿子，他们去时婴儿几乎总在睡着，父母就久久地隔着玻璃罩观望他的睡态。那情形，想来如植物学家观望自己培育在玻璃罩内的一株小芽苗吧？倘值他醒着，并且不是在哭闹——他吮手的模样，他小脚儿的踢踹，他自得其乐的笑，都会使玻璃罩外的父母内心里春花怒放，喜上眉梢。

儿子两岁时回家了，但仍只能活在特制的玻璃罩里。只有在给他喂奶，或换尿片时，或洗澡时，父母才有机会抱他，抚爱他。但那一切半点钟内就须结束。进行前的程序也是相当复杂的——房间，一切用物及父母本人，都必进行严格的消毒……

儿子就这样而三四岁而五六岁而七八岁。父母为他由中产阶级而平民而卖车押房而不得不接受社会慈善机构的资助。但是他们始终无怨无悔。相反，儿子每长大一岁，父母对儿子的爱心就增加一倍。他们隔着玻璃罩上特制的谈话孔教会了儿子说话，隔着玻璃罩指导儿子在玻璃罩内“生活自理”，隔着玻璃罩亲吻他……他们还隔着玻璃罩教会了他识字读书。隔着玻璃罩通过谈话孔放音乐给他听，放电视给他看，向他讲述和描绘这世界上的大事和趣事……他们也从没忘记在他的生日送他鲜花和礼物……七八年中玻璃罩已换了三次，一次比一次大，就好比为儿子乔迁了三次……他们明白他们的儿子每一天都可能死去。但他们从来也不想他们对儿子的爱心为儿子的一切付出值得不值得……

他们为了全心全意地照料这个儿子的每一天，没再要第二个孩子……

他们的儿子在11岁上死去了。他临死时将握在手里的对讲机凑到嘴边——父母在玻璃罩外听到了他最后的话——“爸爸妈妈，我爱你们，感激你们为我做的一切……”第二天报纸登载了这一消息——全美国许多人为之动容……我的世界观基本上是唯物的，但我每每也不禁地相信一下上帝，或类似上帝的神明的存在。于此事，我就曾不禁地做如是想——难道是上帝在有意考验我们人类的父母尤其母亲们，对自己儿女的爱心究竟会深厚到什么程度吗？

在北影，某一户人家，有一个不幸的女儿。我不详知她患的是什么病。也许是肥胖症？也许是瘫痪？也许是兼症？反正自从我1977年到北影以后，常见一位四十多岁的母亲，每于春秋两季，或夏季凉爽的傍晚，用小三轮车载着她的女儿，在院子里，在街上，陪女儿散心……

我还曾与她们母女交谈过。有次我对那女儿说：“少见了，你今天气色真好！”的确，她看去刚洗过澡，穿的是一身新衣服，虽然非常胖，但显得很清爽，心情也似乎格外愉悦。不料她一笑之后说：“还气色好呢，都快把我妈拖累垮了。真不想活了……”她母亲轻轻打了她一下，嗔怪道：“这孩子，胡说些什么呢！妈不心疼你谁心疼你呀？妈不爱你谁爱你呀！”母亲一边说，一边掏出手绢，为女儿拭去脸上的汗。接着掏出小梳子，梳女儿并不乱的头发——那充满着爱的一举一动，使我的心大为肃然。女儿说：“妈，你不是替我梳过头了吗？”母亲说：“再梳梳不是透风凉吗？”随后有不少北影的人驻足与母女二人聊天，都因那女儿的气色好、心情好而替母亲欣慰……我最后一次见到她们大约是在四五年前。据说那女儿已不在了，年仅21岁，或大几岁……二十几年啊！难道上帝又是在考查母亲对儿女的爱心吗？我们童影也有一位同事家中不幸有一个呆傻儿。他们对儿子的爱心也常常感动我，并常常引起我替她们心存的一份忧愁……我表哥的儿子从少年起就几乎失明——表哥的人生也就从三十五六岁起几乎为儿子在活……我的哥哥从24岁起患精神分裂症，至今已30余年，30余年差不多全是在精神病院度过的……

母亲的心从50来岁起就被一个最执著的意念所支配——那就是，再穷，也要尽量节省下钱治好哥哥的病。这愿望直至她70多岁以后才渐变为失望……

据说王铁成是非常爱他的弱智儿子的。这位做父亲的身上所体现的母性与母爱的仁慈，也很令我感动。我的父亲已于十年前去世了，不久前母亲也去世了。我想，我应将哥哥从医院接出来，使他过上正常人的生活。我一直认为他能过正常人的生活，只不过这想法是从前父母和我都办不到的。想一想，一个精神病症根本不算严重的人，一个当年大学里的学生会主席，居然因为从前家里没有他的"一床之地"，就从24岁起，不得不将精神病院当成了家，一住就是30余年……是很残酷的一件事啊！

是的，我一定要让哥哥过上正常人的生活，要让他有属于他自己的房子，要争取每隔一年陪他旅游一次，要经常接他来北京住——我要代替母亲爱他……

我们人类的母亲们身上所体现的母爱的特征，真的是世界上最无私无怨的一种爱啊！这特征是世界上从古至今唯一的。我不敢赞美它伟大，也不愿赞美它伟大。因为对于父母，一个残疾的不健全的儿女，首先是一件伤心的不幸的事，当然对那样的儿女们也是。但母爱的异乎寻常的特征，的确使我的心灵常常受到震荡式的感动。我祈祷人类的医学进一步获得大的突破性发展，能保证母亲们生下的孩子都是健美的。我祈祷我们的国家富强，使一切母亲的不幸的儿女，也都有处处乐园，从而使母爱的特征，不再苦涩忧郁和沉重……无私无怨无悔之事，虽感动人，却不见得都是美好之事啊！

论温馨

温馨是纯粹的汉语词。

近年常读到它，常听到它；自己也常写到它，常说到它。于是静默独处之时每想——温馨，它究竟意味着什么呢？

是某种情调吗？是某种氛围吗？是客观之境？抑或仅仅是主观的印象？它往往在我们内心里唤起怎样的感觉？我们为什么特别不能长期地缺少了它？

那夜失眠，依床而坐，将台灯罩压得更低，吸一支烟，于万籁俱寂中细细筛我的人生，看有无温馨之蕊风干在我的记忆中。

从小学二三年级起，母亲便为全家的生活去离家很远的工地上班。每天早上天未亮便悄悄地起床走了，往往在将近晚上 8 点时才回到家里。若冬季，那时天已完全黑了。比我年龄更小的弟弟妹妹都因天黑而害怕，我便冒着寒冷到小胡同口去迎母亲，从那儿可以望到马路。一眼望过去很远很远，不见车辆，不见行人。终于有一个人影出现，矮小，然而“肥胖”，那是身穿了工地上发的过膝的很厚的棉坎肩所致。像矮小却穿了笨重铠甲的古代兵卒，断定那便是母亲。在幽蓝清冽的路灯光辉下，母亲那么快地走着。她知道小儿女们还饿着，等着她回家胡乱做口吃的呢！

于是我跑着迎上去，边叫："妈！妈……"

如今回想起来，那远远望见的母亲的古怪身影，当时对我即是温馨。回想之际，觉得更是了。

小学四年级暑假中的一天，跟同学们到近郊去玩，采回了一大捆狗尾草。采那么多狗尾草干什么呢？采时是并不想的。反正同学们采，自己也跟着采，还暗暗竞赛似的一定要比别的同学采得多，认为总归是收获。母亲正巧闲着，于是用那一大捆狗尾草为弟弟、妹妹们编小动物。转眼编成一只狗，转眼编成一只虎，转眼编成一头牛……她的儿女们属什么，她就先编什么。之后编成了十二生肖，再之后还编了大象、狮子和仙鹤、凤凰……母亲每编成一种，我们便赞叹一阵。于是母亲一向忧愁的脸上，难得地浮现出了微笑……

如今回想起来，母亲当时的微笑，对我即是温馨。对年龄更小的弟弟妹妹们也是。那些狗尾草编的小动物，插满了我们破家的各处。到了来年，草籽干硬脱落，才不得不一一丢弃。

我小学五年级时，母亲仍上着班，但那时我已学会了做饭。从前的年代，百姓家的一顿饭极为简单，无非贴饼子和煮粥。晚饭通常只是粥，用高粱米或苞谷楂子煮粥，很费心费时的。怎么也得两个小时后才能煮软。我每坐在炉前，借炉口映出的一小片火光，一边提防着粥别煮糊了一边看小人书。即使厨房很黑了也不开灯，为了省几度电钱……

如今回想起来，当时炉口映出的一小片火光，对我即是温馨。回想之际，觉得更是了。

由小人书联想到了小人书铺。我是那儿的熟客，尤其冬日去。倘积攒了五六分钱，坐在靠近小铁炉的条凳上，从容翻阅；且可闻炉上水壶嗞嗞作响，脸被水气润得舒服极了，鞋子被炉壁烘得暖和极了：忘了时间，忘了地点；偶一抬头，见破椅上的老大爷低头打盹儿，而外边，雪花在土窗台上积了半尺高……

如今想来，那样的夜晚，那样的时候，那样的地方，相对是少年的我便是一个温馨的所在。回想之际，觉得更是了。

上了中学的我，于一个穷困的家庭而言，几乎已是全才了。抹墙、修火炕、砌炉子，样样活儿都拿得起，干得很是在行。几乎每一年春节前，都要将个破家里里外外粉刷一遍。今年墙上滚这一种图案，明年一定换一种图案，年年不重样。冬天粉刷屋子别提有多麻烦，再怎么注意，也还是会滴得哪哪都是粉浆点子。母亲和弟弟、妹妹们撑不住就打盹儿，东倒西歪地全睡了。只有我一个人还在细细地擦，擦，擦……连地板都擦出清晰的木纹了。第二天一早，母亲和弟弟、妹妹们醒来，看看这儿，瞅瞅那儿，一切都干干净净有条不紊，看得目瞪口呆……

如今想来，温馨在母亲和弟弟、妹妹眼里，在我心里。他们眼里有种感动，我心里有种快乐。仿佛，感动是火苗，快乐是劈柴，于是家里满足温馨。尽管那时还没生火，屋子挺冷……

下乡了，每次探家，总是在深夜敲门。灯下，母亲的白发是一年比一年多了。从怀里掏出积攒了三十几个月的钱，无言地塞在母亲瘦小而粗糙的手里，或二百，或三百。三百的时候，当然是向知青战友们借了些的。那年月，两三百元，多大一笔钱啊！母亲将头一扭，眼泪就下来了……

如今想来，当时对于我，温馨在母亲的泪花里。为了让母亲过上不必借钱花的日子，再远的地方我都心甘情愿地去，什么苦都算不上是苦。

母亲用她的泪花告诉我，她完全明白她这个儿子的想法。我心使母亲的心温馨，母亲的泪花使我心温馨……

参加工作了，将老父亲从哈尔滨接到了北京。14 年来的一间筒子楼宿舍，里里外外被老父亲收拾得一尘不染。经常的，傍晚，我在家里写作，老父亲将儿子从托儿所接回来了。听父亲用浓重的山东口音教儿子数楼阶："一、二、三……"所有在走廊里做饭的邻居听了都笑，我在屋里也不由得停笔一笑。那是老父亲在替我对儿子进行学前智力开发，全部成果是使儿子能从一数到了十。

父亲常慈爱地望着自己的孙子说："几辈人的福都让他一个人享了啊！"

其实呢，我的儿子，只不过出生在筒子楼，渐渐长大在筒子楼。

有天下午我从办公室回家取一本书，见我的父亲和我的儿子相依相偎睡在床上，我儿子的一只小手紧紧揪住我父亲的胡子（那时我父亲的胡子蓄得蛮长）——他怕自己睡着了，爷爷离开他不知到哪儿去了……

那情形给我留下极为温馨的印象，还有我老父亲教我儿子数楼阶的语调，以及他关于"福"的那一句话。

后来父亲患了癌症，而我又不能不为厂里修改一部剧本，我将一张小小的桌子从阳台搬到了父亲床边，目光稍一转移，就能看到父亲仰躺着的苍白的脸。而父亲微微一睁眼，就能看到我，和他对面养了十几条美丽金鱼的大鱼缸——在父亲不能起床后我为父亲买的。10 月的阳光照耀着我，照耀着父亲。他已知自己将不久于世，然只要我在身旁，他脸上必呈现着淡对生死的镇定和对儿子的信赖。一天下午 1 点多我突觉心慌极了，放下笔说："爸，我得陪您躺一会儿。"尽管旁边有备我躺的钢丝床，我却紧挨着老父亲躺了下去。并且，本能地握住了父亲的一只手。

五六分钟后，我几乎睡着了，而父亲悄然而逝……

如今想来，当年那五六分钟，乃是我一生体会到的最大的温馨。感谢上苍，它启示我那么亲密地与老父亲躺在一起，并且握着父亲的手。我一再地回忆，不记得此前也曾和父亲那么亲密地躺在一起过，更不记得此前曾在五六分钟内轻轻握着父亲的手不放过。真的感谢上苍啊，它使我们父子的诀别成了我内心里刻骨铭心的温馨……

后来我又一次将母亲接到了北京，而母亲也病着了。邻居告诉我，每天我去上班，母亲必站在阳台上，脸贴着玻璃望我，直到无法望见为止。我不信，有天在外边抬头一看，老母亲果然在那样地望我。母亲弥留之际，我企图嘴对着嘴，将她喉间的痰吸出来。母亲忽然苏醒了，以为她的儿子在吻别她。母亲她的双手，一下子紧紧搂住了我的头，搂得那么紧那么紧。于是我将脸乖乖地偎向母亲的脸，闭上眼睛，任泪水默默地流。

如今想来，当时我的心悲伤得都快要碎了。所以并没有碎，是由于有温馨黏住了啊！在我的人生中，只记得母亲那么亲爱过我一次，在她的儿子快 50 岁的时候。

现在，我的儿子也已大三了。有次我在家里，无意中听到了他与他的同学的交谈：

“你老爸对你好吗?”

“好啊。”

“怎么好法?”

“我小时候他总给我讲故事。”

其实，儿子小时候，我并未“总给”他讲故事。只给他讲过几次，而且一向是同一个自编的没结尾的故事。也一向是同一种讲法——该睡时，关了灯，将他搂在身旁，用被子连我自己的头一起罩住，口出异声：“呜——荒郊野外，好大的雪，好大的风，好黑的夜啊！冷呀！呱嗒、呱嗒——大怪兽来了，它嗅到我们的气味了，它要来吃我们了——”

儿子那时就屏息敛气，缩在我怀里一动也不敢动。幼儿园老师觉得儿子太胆小，一问方知缘故，曾郑重又严肃地批评我：“你一位著名作家，原来专给儿子讲那种故事啊！”

孰料，竟在儿子那儿，变成了我对他“好”的一种记忆。于是不禁地想，再过若干年，我彻底老了，儿子成年了，也会是一种关于父亲的温馨的回忆吗？尽管我给他的父爱委实太少，但却同一切似我的父亲们一样抱有一种奢望，那就是——将来我的儿子回忆起我时，或可叫做“温馨”的情愫多于“呜……呱嗒、呱嗒”。

某人家乔迁，新居四壁涂暖色漆料，贺者曰：“温馨。”

年轻夫妻终于拥有了自己的小家，他们最在乎的定是卧室的装修和布置，从床、沙发的样式到窗帘的花色，无不精心挑选，乃为使小小的私密环境呈现温馨。

少女终于在家庭中分配到了属于自己的房间，也许很小很小，才七八平米，摆入了她的小床和写字桌再无回旋之地；然而几天以后你看吧，它将变得每一个角落都充满了温馨。

新房大抵总是温馨的。倘一对新人恩爱无限，别人会感到连床边的两双拖鞋都含情脉脉的；吸一下鼻子，仿佛连空气中都飘浮着温馨。反之，若同床异梦，貌合神离，那么新房的此处或彼处，总之必有一处地方的一样什么东西向他人暗示，其实反映在人眼里的温馨是假的。

在商业时代，温馨是广告语中频频出现的词汇之一。我曾见过如下广告：“饮××酒吧，它能使你的人生顿变温馨。”

我想，那大约只能是对斯文的醉君子而言，若是酒鬼又醉了，顿时感到的一定是他人生的另一种滋味。

最令我讶然的是一则妇女卫生巾广告："用××卫生巾，带给你难忘的温馨。"

余也愚钝，百思不得其解。

酒吧总是刻意营造温馨的。

我虽一向拒沾酒气，却也被朋友邀至过酒吧几次。朋友问："够温馨吧?"

烛光相映，人面绰约，靡音萦绕；有情人或耳鬓厮磨，或呢哝低语。

我说："温馨。"

然内心里却半点儿体会到温馨的真感觉也没有。

我想，温馨肯定是多种多样的。除了那两条广告其意太深我无法理解，以上种种皆是温馨，也不该成为什么问题。

我想，温馨一定是有共性前提的。首先它只能存在于较小的空间。世界上的任何宫殿都不可能是温馨的，但宫殿的某一房间却会是温馨的。最天才的设计大师也不能将某展览馆搞成一处温馨的所在；而最普通的女人，仅用旧报纸、窗花和一条床单、几个相框，就足以将一间草顶泥屋收拾得温馨慰人；在一辆"奔驰"车内放一排布娃娃给人的印象是怪怪的，而有次我看见一辆"奥拓"车内那样，却使我联想到了少女的房间。其次温馨它一定是同暖色调相关的一种环境，一切冷色调都会彻底改变它，而一切艳颜丽色也将使温馨不再。那时它或者转化为浪漫，或者转化为它的反面，变成了浮媚和庸俗。温馨也当然的是与光线相关的一种环境。黑暗中没有温馨，亮亮堂堂的地方也与"温馨"二字无缘。所以几乎可以断言，盲人难解温馨何境。而温馨所需要的那一种光，是半明半暗的，是亦遮亦显的，是总该有晕的。温馨并不直接呈现在光里，而呈现在光的晕里。故刻意追求温馨的人，就现代的人而言，对灯的形状、瓦数和灯罩，都是有极讲究的要求的。

这样看来，离不开空间大小、色彩种类、光线明暗的温馨，往往是务须加以营造的效果了。人在那样的环境里，男的还要流露多情，女的还要尽显妩媚，似乎才能圆满了温馨。若无真心那样，作秀既是难免的，也简直是必要的。否则呢，岂不枉对于那不大不小的空间，那沉醉眼球的色彩，那幽晕迷人的灯光，那使人神经为之松弛的气氛了吗？

是的是的，我承认以上种种都是温馨，承认人性对它的需要就像我们的肉体需要性和维生素一样。

但我觉得，定有另类的一种温馨，它不是设计与布置的结果，不是刻意营造出来的。它储存在寻常人们所过的寻常的日子里，偶一闪现，转瞬即逝，溶解在寻常日子的交替中。它也许是老父亲某一时刻的目光；它也许曾浮现于老母亲变形了的嘴角；它也许是我们内心的一丝欣慰；甚至，可能与人们所追求的温馨恰恰相反，体现为某种忧郁、感伤和惆怅。

它虽溶解在日子里，却并没有消亡，而是在光阴和岁月中渐渐沉淀，等待我们不经意间又想起了它。

而当我们想起了它的时候，我们往往会对自己说——温馨吗？我知道那是什么！并且，顿感其他一概的温馨，似乎都显得没有多少意味了……

论寂寞

都认为,寂寞是由于想做事而无事可做,想说话而无人与说;想改变自身所处的这一种境况而又改变不了。是的,以上基本就是寂寞的定义了。寂寞是对人性的缓慢的破坏。寂寞相对于人的心灵,好比锈相对于某些极容易生锈的金属。

但不是所有的金属都那么容易生锈。金子就根本不生锈,不锈钢的拒腐蚀性也很强。而铁和铜,我们都知道的,它们之极容易生锈就像体质弱的人极容易伤风感冒。

某次和大学生们对话时,被问,阅读的习惯对人究竟有什么好处?我回答了几条,最后一条是——可以使人具有特别长期地抵抗寂寞的能力。他们笑。我看出他们皆不以为然。他们的表情告诉了我他们的想法——但我们需要具备这一种能力干什么呢?是啊,他们都那么年轻,大学又是成千上万的青年学子云集的地方,一间寝室住六名同学,寂寞沾不上他们的边啊!但我却同时看出,其实他们中某些人内心深处别提有多寂寞。而大学给我的印象正是一个寂寞的地方,大学的寂寞包藏在许多学子追逐时尚和娱乐的现象之下。所以他们渴望听老师以外的人和他们说话,不管那样的一个人是干什么的,哪怕是一名犯人在当众忏悔。似乎,越是和他们的专业无关的话题,他们参与的热忱越活跃。因为正是在那样的时候,他们内心深处的寂寞获得了适量地释放一下的机会。

故我以为，寂寞还有更深层的定义，那就是——从早到晚所做之事，并非自己最有兴趣的事；从早到晚总在说些什么，但没几句是自己最想说的话；即使改变了这一种境况，另一种新的境况也还是如此，自己又比任何别人更清楚这一点。这是人在人群中的一种寂寞。这是人置身于种种热闹中的一种寂寞。这是另类的寂寞，现代的寂寞。如果这样的一个人，心头中再连值得回忆一下的往事都没有，头脑中再连值得梳理一下的思想都没有，那么他或她的人性，很快就会从外表锈到中间的。无论是表层的寂寞，还是深层的寂寞，要抵抗住它对人心的伤害，那都是需要一种人性的大能力的。

我的父亲虽然只不过是一名普普通通的建筑工人，但在“文革”中，也遭到了流放式的对待。仅仅因为他这个 14 岁闯关东的人，在哈尔滨学会了几句日语和俄语，便被怀疑是日、俄双料潜伏特务。差不多有七八年的时间，他独自一人被发配在四川的深山里为工人食堂种菜。他一人开了一大片荒地，一年到头不停地种，不停地收。隔两三个月有车开入深山给他送一次粮食和盐，并拉走菜。他靠什么排遣寂寞呢？近 50 岁的男人了——我的父亲，他学起了织毛衣。没有第二个人，没有电，连猫狗也没有。更没有任何可读物，有对于他也是白有，因为他是文盲。他劈竹子自己磨制了几根织针，七八年里，将他带上山的新的旧的劳保手套一双双拆绕成线团，为我们几个他的儿女织袜子，织线背心。这一种从前的女人才有的技能，他一直保持到逝世那一年——织，成了他的习惯——那一年他 77 岁。

劳动者为了不使自己的心灵变成容易生锈的铁，或铜，也只有被逼出了那么一种能力。而知识者，我以为，正因为所感受到的寂寞往往是更深层的，所以需要有更强的抵抗寂寞的能力。这一种能力，除了靠阅读来培养,目前我还贡献不出别种办法。

胡风先生在所有当年的“右派”中被囚禁的时间最长——三十余年,他的心经受过双重的寂寞的伤害。胡风先生逝世后,我曾见过他的夫人一面。我惴惴地问:“先生靠什么抵抗住了那么漫长的与世隔绝的寂寞?”她说:“还能靠什么呢?靠回忆,靠思想。否则他的精神早崩溃了,他毕竟不是什么特殊材料的人啊!”但我心中暗想,胡风先生其实太够得上是特殊材料的人了啊!幸亏他是大知识分子,故有值得一再回忆之事,故有值得一再梳理之思想。若换了我的父亲,仅仅靠拆了劳保手套织东西,肯定是要在漫长的寂寞伤害之下疯了的吧?知识给予知识分子之最宝贵的能力是思想的能力。因为靠了思想的能力,无论被置于何种孤单的境地,人都不会丧失最后一个交谈的伙伴,而那正是他自己。自己与自己交谈,哪怕仅仅做这一件在别人看来什么也没做的事,他足以抵抗很漫长很漫长的寂寞。如果居然还侥幸有笔和足够的纸,孤独和可怕的寂寞也许还会开出意外的花朵。《绞刑架下的报告》《可爱的中国》《堂·吉珂德》的某些章节,欧·亨利的某些经典短篇,便是在牢房里开出的思想的或文学的花朵。

知识分子靠了思想善于激活自己的回忆。所以回忆之于知识分子,并不仅仅是一些过去了的没有什么意义了的日子和经历。哪怕它们真的是苍白的,思想也能从那苍白中挤压出最后的意义——它们所以苍白的原因。思想使回忆成为知识分子的驼峰。而最强大的寂寞,还不是想做什么事而无事可做,想说话而无人可说;是想回忆而没有什么值得回忆的,是想思想而早已丧失了思想的习惯。这时人就自己赶走了最后一个陪伴他的人,他一生最忠诚的朋友——他自己。

谁都不要错误地认为孤独和寂寞这两件事永远不会找到自己头上。

现在社会的真相告诉我们,那两件事迟早会袭击我们。

人啊,为了使自己具有抵抗寂寞的能力,读书吧!

人啊,一旦具备了这一种能力,某些正常情况下,孤独和寂寞还会由自己调节为享受着的时光呢!信不信,随你……

论贫穷

人类生活的一切不幸的根源,就是贫困。这是很明白的,贫困使一切穷人对生活产生共同的恐怖和疑惧……

贫穷是人类最大的丑恶现象。如果我们已知人类有百种丑恶,那么三分之二盖源于贫穷,三分之一盖源于贪婪……穷人是贫穷的最直接的受害者和牺牲品。贫穷恰恰是剩余价值的产物,正如富有是剩余价值的产物一样。

当剩余价值造就了第一个富人的时候,同时也便造就了第一个穷人。穷人永远是使富人不安的影子,进而使社会和时代不安……高尔基说过——人类生活的一切不幸的根源,就是贫困。这是很明白的,贫困使一切穷人对生活产生共同的恐怖和疑惧……

卢梭说过——贫困使一切做好事的手段显得脆弱。它又产生了如此强大的社会和时代难以消化的繁衍罪恶的能力,它使人类本性和道德这一公正存在的原则几乎完全丧失效应……

他们都曾体验过贫困的屈辱和压迫。他们的话代表知识分子对社会和时代的警告。约翰逊说过——贫困是人类幸福最大的敌人;它确实破坏了自由,使平等无法实现,使国家处于矛盾尖锐的境地……他的话代表政治家对社会和时代的警告。“开城门,迎闯王,闯王来了不纳粮。”这是穷人对社会和时代发出的警告。关于贫困也有另外一些名人说过另外一些著名的话:比如伊壁鸠鲁说过——甘于贫困就是一笔体面的不动产!比如卢克莱修说过——甘于守贫是一个人的最大教养……

当我们研究他们的经济基础,却发现他们自己从不曾被贫困所窘过。对于时代和社会而言,他们的话仅仅是一些供富人品味的隽语而已。并且,他们的话常被教会所引用,借以对穷人进行说教……

在贫困超过了穷人的心理承受能力的情况下,通常便爆发了革命。革命最初的使命,或者更准确地说,被穷人所理解的使命,乃是消灭富人。革命的原始口号正如我们所知道的那样,是——革地主的命!革资本家的命!革一切富人的命!然而历史向穷人开了一个很大的玩笑——它最终告知穷人——消灭富人并不等于消灭了贫困,也不一定就能使穷人得到拯救。正如卢梭所言:“消灭富人要比消灭贫困现象容易得多,而穷人却只能从后一种行动中获得普遍的利益。”中国改革的最终目标,我想可以归结为这样一句话——消灭贫穷。使一部分人先富起来是不难的。使先富起来了的一部分人继续参与使别人也富起来的改革是较难的。使许许多多仍处在贫穷生存状况的人,在眼见别人先富起来的情况之下,仍以高度的理性忍耐改革的步骤,这是更难的。而舍此,则不能完成中国之改革大业。再贫穷的国家也有那个国家的富人和大富豪。据统计,全世界几近四分之一的巨大财富,控制在七千多万散于世界各地的华人手中。

改革像一切事物一样也是自有其负面的。一个值得政治家们关注的事实是——最有能力和最善于避开改革负面压力的人，往往是最先富起来的一部分人。而最没有能力和最不善于避开改革负面压力的人，则往往是最直接承受贫穷摆布的人。对中国而言，他们是比先富起来的人多得多的人。在国家不能替他们分担压力的那些地方和那些方面，将从他们中产生出对改革的怀疑、动摇，乃至积怨和愤愤不平。而他们恰恰又是曾对改革寄予最大希望的人。

贫穷是可以消灭的，穷人却是永远都存在的。

西方的金融大亨到阿拉伯石油王国去做客，离开对方金碧辉煌的宫殿，自嘲地说感到自己变成了一个“乞丐”。

“心理贫穷症”将是商品时代的一种“绝症”，全世界的首脑对此“绝症”都是束手无策的。时代、社会和国家，都无须乎对“心理贫穷症”者的嘟哝做出任何认真的反应……

现在是叫响另一个口号的时候了，那就是——消灭贫穷！

改革的最庄重的课题只能是——消灭贫穷！

论“不忍”

“不忍”二字，曾人言颇多。指谁将做什么狠心之事，却受一时恻隐的干预，难以下得手去。于是，古今中外的小说和戏剧，便有了大量表现此种内心矛盾的情节。倘具经典性，评论家们每赞曰：“人性的深刻。”曾有一首唱红一时的流行歌曲《心太软》；“不忍”就意味着“心太软”，“心太软”每每要付出代价，最沉重的代价是搭上自己的命。一种情况是始料不及，另一种情况是舍生取义。

京剧《铡美案》中有一个人物叫韩琪——驸马府的家将。陈世美派他去杀秦香莲母子女三人，“指示”复命时要钢刀见血。那韩琪听了秦香莲的哭诉哀求，明白了她的无辜，目睹了她的可怜，省悟了驸马爷派他执行的是杀人灭口的勾当。天良起作用，又没第二种选择，横刀自刎……

某日从电视里看到这一场戏，感动之余，突发篡改之念。原因是，似乎只有篡改了，才能更符合当代之某些中国人的思想观念，才能更具有现实性，才能“推陈出新”……于是篡改如下：

韩琪：“秦香莲，哪里走？留下人头来！”

秦香莲：“啊，军爷，我秦香莲母子女的可怜遭遇，方才不是已说与军爷听了吗？”

韩琪：“听是听，可怜吗，倒也着实的可怜。但却饶你们不得！”

秦香莲复又双膝跪下，并扯一儿一女跪于两旁，磕头不止，泗泪滂沱，咽泣哀求：“啊，军爷呀军爷，既听明白了，既信真相了，既已可怜于我们了，缘何不放小女子一马，又非要我们留下人头来？”

韩琪：“嘟！秦香莲，你也给我仔细听着！想我韩琪，乃驸马府家将。驸马爷与当朝公主，一向对俺不薄。并言事成之后，定有重赏。杀你们母子女三人，对俺易如反掌。区区小事，驸马爷挚诚秘托，俺韩琪身为家将，岂有欺主塞责之理？倘不曾堵得着你们，还则罢了。已然堵你们于此庙中，心软放之，教俺如何向驸马爷交代！韩琪也乃一条好汉，站得直，坐得正，驸马爷与公主面前深获信任。言必信，行必果，驸马府里美名传。若今放了你母子女，我将有何面目重见我那恩主驸马爷！”

秦香莲：“军爷呀军爷，难道没听说过‘仁以为己任，不亦重乎’这句古话吗?”

韩琪:“秦香莲,难道没听说过‘受人好处,替人消灾’这句古话吗?我今杀你们,天经地义,理所当然!不杀,倒特显得我韩琪迂腐了!”

秦香莲:“军爷呀军爷,我们母子女与你往日无冤,近日无仇,军爷还是开恩饶命吧!”

于是再磕头,再哀求;于是子与女皆磕头如捣蒜,皆咽泣哀求……

不料韩琪怒从心起,喝道:“嘟!好个啰唣讨厌的秦香莲!都道是‘理解万岁’,你怎么只一味儿贪生怕死,丝毫也不理解我韩琪的难处!真真一个凡事当先,只为自己着想的女子!难怪世人说——可怜之人,必有可恨之处!韩琪从前不信,今日信啦信啦!”

秦香莲:“军爷呀……”

韩琪:“休再啰唣,哪个有耐心听你哭哭啼啼,看刀!”

遂手起刀落,将那香莲人头削丁尘埃;又刷刷两刀,结果了那少年与少女的性命……

当然的,开封府包大人帐前,韩琪也就免不了牵扯到人命官司里去了。包大人铡了世美,自然接着要铡韩琪的。

当然还要一番篡改:

韩琪:“包大人,冤枉啊,冤枉!韩琪虽死,理上也是不服的!”

包大人:“韩琪,似你这等冷酷无情,替主子杀人灭口的恶仆,铡了你,你有什么可冤枉的?你又有什么理上不服的!”

韩琪:“包大人,韩琪有自辩书一份,容读。请大人听罢再做明鉴!”

自辩书云:

“君命臣死,臣不得不死;父叫子亡,子不得不亡。此乃我中华民族昭昭纲常之首义也!推而及主奴关系,则可引申出主之忧,奴当解之;主之托，奴当照办的道理。家将者，府奴也。犹如臣唯命于圣上，子依从于父训。违之，殊不义也！抗之，殊大逆不道也！又常言道——有奶便是娘。奶者，实惠之物也；娘者，至尊之人也。如君相对于臣，如父相对于子，亦如主相对于奴也！臣奉君旨而行事，虽错虽恶，错恶在君耳！子依父训而差谬，虽差虽谬，差谬在父耳！奴为主杀人灭口，当诛者，主耳！在家将，只不过例行公事也！小的韩琪杀人，实在也是出于为奴仆者尽职尽责的一片耿耿忠心呀！所以包大人若连韩琪也铡了，韩琪到了阴曹地府也是一百个不服的！”

《赵氏孤儿》中，也有一个与韩琪类似的人物，叫钮麑，是奸臣屠岸贾的家奴。屠命其深夜去行刺忠臣赵盾。他勾足悬身于檐，但见那赵盾，秉烛长案，正襟危坐，批阅公文。他心里就暗想了：早听说这赵盾是大忠臣，今日亲见，果然名不虚传！此夜此时，良辰美景，哪一王公大臣的府第之中，不是妖姬翩舞，靡音绕梁呢？满朝文武，像赵盾这么家居简陈，尽职至夜者实在不多了呀！我若行刺于他，天理不容啊！他这么一想，可就一时的“心太软”了。“心太软”，他就做出了太愧对自己的正义冲动之事来了——纵下檐头，蹿立厅堂，朗声高叫：“赵大夫听了，我乃屠岸贾之家奴钮麑是也！今夜屠岸贾命我前来行刺大夫，并许以重赏。钮麑每闻大夫刚正不阿之名，心窃敬之。岂忍做下世人唾骂之事！然大夫不死，钮麑难以复命，故钮麑宁肯自尽了断恶差！我死之后，那屠岸贾必派他人继来行刺，望大夫小心谨慎，处处提防为是……”

小时候读过这戏本，台词意思记了个大概。于今想来，这钮麑其实也是不必自己死的。他不妨向赵盾说明自己的两难之境，请赵盾反过来同情自己，体谅自己，对自己“理解万岁”。想那赵盾，既要于昏君当道之世偏做什么刚正不阿之臣，必有思想准备，早已将生死置之度外。绝不会香莲也似的魂飞魄散，咽泣哀求。而那钮麑，杀人前先便获得了被杀者的理解和同情，天良也就不必有所不安了。即使后来因而受审，也可以振振有词地自我辩护——赵盾当时都理解我了，你们凭哪条判我的罪？难道我当时的两难之境就不值得同情吗？

联想开去——罪恶滔天的德国党卫军战犯，后来正就是以此种辩护逻辑为自己们的罪名开脱的。

侵略的无罪是——“军人以服从命令为天职。”

屠杀犹太人的无罪是——“执行本职‘工作’。”

连希特勒的接班人格林在战后公审的法庭之上，也是自辩滔滔地一再强调——我有我的难处，对我当时的难处，公审法官们应该“理解万岁”……

日本大小侵华战犯，被审时的辩护逻辑还是如此，现在，这逻辑仍在某些日本人那儿成立……

联想回来，说咱们中国，从“文革”后至今，同样的逻辑，在某些“文革”中的小人、恶人、政治打手那儿，也仍被喋喋不休地嘟哝着——大的政治背景那样，我怎么能不服从？我的罪过，其实一桩也不是我的罪过，全是“文革”本身的罪过……

“文革”中狠心的事、冷酷的事太多了。

“不忍”之人的“不忍”之心体现得太少了……

联想得再近些，说现在——大家都知道，现在的中国，是很有一些人肯当杀手的。雇佣金高低幅度较大，从几万、十几万、二十几万到几百万不等。而且，时兴“转包”。每一转再转，中间人层层剥皮。最终的杀人者，哪怕只获几百元也还是不惜杀人，甚至不惜杀数人，不惜灭人满门。

他们丝毫也没了“不忍”之心。

当然,也断不会像小说、戏剧以及近代才有的电影中的情节那样,给被杀者哀求和陈诉真相的机会,自己也完全没有希望被杀者死个明白,要求被杀者对自己“理解万岁”的愿望……

一旦接了钱,他们往往是举枪就射,举刀就砍,举斧就劈。

其过程是那么地符合现代的快节奏——想了就议,议了就决,决了就干,干就要干得干脆。自己没“废话”,也不听“废话”,人性方面绝对不会产生什么“不忍”……

但是,倘被缉拿归案,又总是要找律师替自己辩护,强调自己只不过是被雇佣的“工具”。既是“工具”,似乎便可以超脱于人性的谴责。就算有罪,仿佛也罪不当诛。犯死罪的,似乎只应是雇佣者们了……

在中国,可以想象,韩琪和钮麑那样的杀手、那样的刺客,也许再也不会产生了。

他们显得太古典了,因而也未免显得太迂腐了。

我心里,有时却不禁地产生一种崇古之情,每每竟有些怀念他们那样的古代杀手和刺客。于是也不禁地每每自嘲自己的古典情结和与现代格格不入的迂腐……

若联想得更近些,说我们大家人人身边的事——读者诸君,你们是否也和我一样,对“不忍”二字有点儿久违了似的呢?你们是否也和我一样,经常能听到的,倒是“别心太软”的告诫,或“只怪我心太软”的后悔之言呢?

我们大家人人身边的事,当然都只不过是些“凡人小事”,并不人命关天——比如小名小利……千万别心太软!有什么忍不忍的?这年头,你不忍,别人还不忍么?你不忍了?那么你等着吃哑巴亏吧!于是,我们往往也就正是为了那些小名小利，将别人，甚至将朋友抛出去“变卖”一次，或将友情、信任出卖一次。当陷别人于窘境，于困境，甚至可能毁了别人的名誉之时，我们又往往这样替自己辩护：

我不过是奉行了合理的个人主义啊！如今这年头，谁不像我一样呢？真的，我眼见的这类人和这类事，多得早已使我的心有些麻木了。于这麻木之中，我竟每每很怀念“不忍”二字。难道这“不忍”二字，真的将从我们某些中国人的日常用语中废除了吗？难道我们某些中国人迅速地“现代”起来了的头脑中的观念，真的半点儿古典的缝隙也不存在了吗？阿门，给我们中国人的人心，留下一条还能夹住“不忍”二字的缝隙吧！

现实中的“不忍”渐少，小说、戏剧、电影中的“心太软”自然就泛多起来。人想要的，总会以某种方式满足。画饼充饥的方式，于肚子是没什么意义的，于精神，却能起到望梅止渴的作用。

在小说、戏剧和电影中，情节（而且往往是尾声情节）通常是这样设置的——即使是坏人、仇人，一旦落到任凭摆布之境，主角们便顿时地恻隐起来，“不忍”起来。于是坏人、仇人大受感动，幡然悔悟，放下屠刀，立地成佛。于是人性的力量光芒四射……

但在现当代的小说、戏剧和电影中，这样的情节已不常见，被认为是陈旧的套路。事实上也确实成为陈旧的套路。

现当代的小说、戏剧和电影，在处理类似的情节时，似乎更愿告诫和强调人性恶的顽固。那情节一般是这样的——主角们手起而刀不落，枪逼而弹不发，虽咬牙切齿，却终究有几分心不忍……

于是遏敛杀心，刀归鞘，枪入套，转身而去……

被放条生路的坏人、仇人们却不领情，爬将起来，从背后进行卑鄙又凶恶的暗算……

于是惹得英雄怒发冲冠，慈悲荡然，不复心软，灭绝有理。

这类情节所证明给人看的，乃鲁迅先生“费厄泼赖应当缓行”的主张，或“东郭先生”可以休矣理念。

还有另一种处理——坏人、仇人暗算成功，主角扑于尘埃，卧于血泊，绝命前指着说出一个字是：“你……”

倘我们用现今生活中的惯常话替他说完，那句话大概是——“你怎么这样！”

坏人、仇人则冷笑不已。或说什么，或什么都不说，趋前再加残害。台词也罢，表情也罢，行为语言也罢，总之是这么个意思——你活该，谁叫你对我心太软？后悔晚啦！

从此等情节，可反观出我们近当代人对人性善与人性恶的大矛盾——我们是多么地希望自己的心有所不忍啊！我们又是多么地恐惧于一旦不忍导致的悲剧结果啊！

港台的武侠片、江湖片，外国的黑社会片，几乎片片都有相似情节，亦成套路矣。

《这个杀手并不冷》冲击过不少影碟发烧友的内心，故事也比较动人心魄。我也曾是影碟发烧友，当然也动我心魄。此片名译为中文，真有点儿怪怪的。我们将近当代之人心不冷的希望寄托于冷酷杀手，让他替我们去义无反顾出生入死地完成人心不冷的“任务”，足见我们自己的心已经多么承受不起“心太软”的人性的负担和后果，也多么渴求人心别太硬的温暖……

此片问世后，同类故事的影片相继而出。仿佛这世界上心并不冷心最不冷的，倒仅剩下些杀手们似的了。比如另有一部美国电影，片名译为中文是《黑杀手》。因为那杀手乃五十来岁、人高马大、外表迟钝木讷的老黑哥们儿。他属于职业杀手。他也自认为杀人是他的职业，与歌唱、经商、体育、拳击、从政等职业没有什么两样。他从事此业二十余年仍能混迹人群，逍遥法外，证明他虽外表迟钝木讷，于业务方面还是有不少“宝贵经验”的。他无忏悔之心，因为他每次进入“工作阶段”之前，都被告之对方们是坏人。坏人们消灭不过来，他就“替天行道”。他也是人，也有物质的需求，所以“替天行道”也不能白干。他又认为他从事的是“风险行业”，索费颇高。但是他觉得“廉颇老矣”，厌倦了“工作”，打算自己允许自己“退休”了。偏偏在这样的情况之下，又有人花钱雇他杀人了。若不干，对方威胁要告发他。那他岂不就只有“退休”到监狱里去了吗？他没了选择，违愿地接了钱。一接钱，黑社会内的规矩，就等于签合同了，就负有信誉责任了。而当时接头匆匆，竟忘了问明白将要被杀的是什么人，自己“替天行道”的前提充分不充分？

及至骗开了门，面对一位三分清醒七分醉的水灵小少妇，他不禁地暗暗叫苦不迭。因为他还从未杀过女性。因为那小少妇怎么看都不像坏人恶人。而且，似乎还未成年……

他冒充检修电路的。她也就相信他是，让他顺便检修一下电视插板——当晚有她喜欢看的肥皂剧，她正因看不成而寂寞，而沮丧。他佯装检修，打开工具箱，取出手枪时，她奔入厨房去了，咖啡漕了，而卧室里传出了婴儿的哭声。他蹿入卧室抱起婴儿拍，哄，唯恐哭声引来多事儿的邻居。此时这杀手，内心不但暗暗叫苦，简直还恼火透了！杀女人已经违反他的职业原则，捎带着还得杀一个不满周岁的孩子！事情明摆着，只杀小母亲，那孩子没人哺乳，很可能也饿死。一不做二不休地一块儿杀了吧，雇主付给他的可是只杀一个大人的钱！杀了再去讨一份儿

“工钱”吧，雇主肯定不认账，肯定会说我也没要求你多杀一个孩子呀！发慈悲不杀孩子呢？万一自己刚杀了母亲，前脚才出门，孩子的哭声就引来了人呢？公寓管理人员看见他进这房间了，那他还能继续逍遥法外吗？

接下来，读者能想象得到的，开始了一连串的喜剧情节。

他抱着孩子问她：“你怎么小小年纪就结婚，并且做了母亲？”

他问的当然是气话。因为她的特殊性，使他这一次要完成的“工作”复杂化了——想想以前，“工作”多么简单啊！

她正有对人诉说的愿望，经他一问，于是珠泪成行，娓娓道出一名失足少女值得同情的经历……

在他以前的“工作”中可没有过这种插曲。

他听了，就“心太软”起来。他一“心太软”，就更加生气，因自己竟他妈的“心太软”而生气；因将被杀的是女性而生气；因只收了杀一个大人的钱，有一个孩子的死也将算在自己账上而生气……

他一会儿要杀，一会儿不忍；他要杀时她恐惧，可怜；他不忍时她接着娓娓诉说，显出涉世太浅心地单纯的可爱模样……

他有一句台词十分精妙：“住口！你已经使我没法儿进行我的‘工作’！”

潜台词当然是——你已使我不忍杀你！

此片算不上一部高品位的电影。只不过因为喜剧风格，情节还有意思，表演还逗哏，台词还俏皮……

我喋喋不休地讲这部二三流电影，归根结底想要说的是——我真希望从某些报刊上有一日也读到类似的报道——被雇的杀手终于不忍下手，就像《黑杀手》的结局一样。而不是频频读到——一切杀手杀起人来就像干"工作"一样，数千元就"包一次活儿"。甚至，数百元也"包一次活儿"。更甚至，像某些工程一样，中间人多多，吃回扣的多多，层层转包，层层剥皮，永远地只有心狠手辣，而人心似乎永远地没有不忍的时候……

而我也真希望——现实生活中喜剧多发生一些，甚或闹剧多发生一些。若人心不能在庄重的情况下兼容"不忍"二字的存在，于喜剧和闹剧的发生中出现"心太软"的奇迹，也是多么的好啊！

读者，你近来可曾听到你周围的人说他或她在某件事某些小名小利的关头"不忍"过？

"不忍"，"不忍"，人心中的"不忍"哦，真的，我们是不是久违了？

论方法

在方法问题上多一点经验，少一点儿教条，无论如何总是好的……

世上的矛盾、难题和僵局千差万别，解决的方法也千差万别。最高明的方法，当然是最具智慧性的方法。许多矛盾、难题和僵局，非是仅靠智慧性的方法便能解决的，比如通货膨胀，比如失业，比如治安——另当别论。有些矛盾、难题和僵局，却完全可以靠智慧性的方法去解决，而且解决起来效果出人预料的好。

国外有一商家，建了一幢摩天大楼。由于电梯设计得不够合理，人们常因久候而影响情绪，怨言多多。董事会意欲改造电梯系统，但那需要投资数百万。这又使董事会产生了分歧，争论激烈，不欢而散。几天后一名董事献策，说他想出了一个方法，少花钱也能解决电梯难题。他说据他考察，电梯运行固然不迅速，但绝不是已经到了超出人们耐心程度的地步。乘电梯的人们，谁不希望快呢？因而他认为，人们的怨言，其实主要不是客观问题，实际上是主观要求的反映。董事们的智商都并不比他低，都同意他的分析。但由主观要求所发的怨言，也是足可以久积成虑不能忽视的呀！董事会请他快讲他的方法。他说方法非常简单——在每层的电梯两侧，设销售化妆品、书籍的小柜台，或干脆摆一面哈哈镜。他的方法被接受了——从此等电梯的人们不再怨气冲天了。销售化妆品和书籍的小柜台，收入不仅保证了每月销售员的工资，且有余额。而哈哈镜，使乘电梯的男人女人，在等候时获得到了一份儿乐趣。人们相互间其乐融融之际，电梯门也就在不知不觉中敞开了……

英国已故首相老丘吉尔，有次举行招待会，遇到了一件使他为难的事。侍者向他密语，一位身份很高的外交官，将一只叉子偷偷揣进了自己兜里。如果一笑置之，无异于包庇这种不光彩的行径；如果当众指斥，又唯恐使对方斯文扫地。他为难了片刻，竟也当众将一只勺子揣进了自己兜里。众目睽睽，人们惊诧之极。他却走到那位身份很高的外交官跟前，将对方扯到一旁，神秘兮兮地说："我刚才偷了一只勺子且被人发现了，其实您偷那只叉子的时候也被人发现了，您看咱俩现在怎么办才好呢？"对方不得不满面愧色地将那只叉子从兜里掏出，暗暗放在了托盘里。丘吉尔还拍拍他的肩，微笑地以赞赏的口吻又说："谢谢您为我做出了一次好榜样！"

美国加州有一家汉堡包分店。某年加州大学生因种族歧视问题举行示威游行，降下并焚毁了不少国旗。那家汉堡包分店门前也有一面星条旗，要降下这一面旗，须经纽约总部下令才可。所以店员们挽着手臂捍卫之。而大学生们愈加被激怒，非降下焚毁不可。双方僵持，互不妥协。总部知情后，指示当地一辆送汉堡包的货车，趁送货之际，趁机将旗杆撞倒了。旗杆既倒，旗已落地，店员们没有失职，大学生们也索然了。一场一触即发的僵持，就这么不费唇舌地巧妙化解了……

林肯的一位作战部长曾与一位将军矛盾很深。有次部长又向林肯告将军的什么状。林肯叫他给那位将军写一封信，痛骂对方一番。部长将信拿给林肯看，林肯大为赞赏，夸他骂得解气。

之后，林肯平和地说："现在请把这封信丢在火炉里烧了吧！我生谁的气的时候，就写这样一封信，然后烧掉它。这是一封很精彩的信。你为此花了不少时间，发泄了很多愤怒，相信现在你心里一定好受些了吧？"

作战部长非常羞愧，再也不因个人意气而向林肯告那位将军的状了。二人的关系，也渐渐地好转了……

我们的某些官员，每每不乏按照"原则"解决矛盾、难题和僵局的能力。在这方面，我党有很优良的传统理应发扬光大。但，他们往往太缺乏智慧地解决矛盾、难题和僵局的方法。这样的方法，也说明素质问题。而我党的前辈们，比如毛泽东、周恩来、朱德、陈毅、贺龙等人，都不乏智慧地解决矛盾、难题和僵局的事例。"改革开放"时期，两种体制并行，解决矛盾、难题和僵局的方法，也理应具有更高的智慧性、艺术性、灵活性。今天，时代对于每一位政治家和官员的要求，比以往任何时代更高了。

在方法问题上多一点经验，少一点教条，无论如何总是好的……

钉子断想

钉子——大人孩子，全知道是什么。

我小时候，常到建筑工地去捡废钉子，也就是用过的，又被起下来丢弃的钉子。清楚地记得，一斤废钉子二角四分钱，几乎是废品中除了铜以外最贵的。二角四分钱能买一本一百余页的小人书。不过，捡一斤废钉子并不容易，有时一天才能捡到几根，一斤废钉子起码五六十根。倘捡到虽弯曲了却还是新的钉子，其实是舍不得当废钉子卖的。家家都经常有急需一根钉子用的情况……

也偷过新钉子。趁工人叔叔不备，从人家工具箱里抓起一根就跑。明知是偷的行径，便不敢多抓，仅仅抓起一根而已。倘抓一把，工人叔叔是要急的，必追赶。被逮着，一顿当众的羞辱也是够受的。

一把削铅笔的小刀一角钱，偷钉子是为了做一把削铅笔的小刀。要偷最大型号的，一寸半或二寸长的。偷到手，便去铁路线那儿，摆在铁轨上。经火车轮一压，钉子就扁了。压扁了的钉子，在砖上或水泥台阶上一磨，一把削铅笔的小刀就成了……

在某些小说和电影，包括某些革命题材的小说和电影中，钉子是重要的情节载体。主人公们就是靠了一根钉子越狱成功的。

在中国的传统戏剧中，钉子也是重要的情节载体。比如京剧《钓金龟》中，弟弟就是被见财起歹心的哥哥嫂子合谋杀害了，趁弟弟熟睡，将一根大钉子从弟弟百会穴处钉入弟弟脑中，致弟弟于死地……

包公案中也有类似的情节——包公审一命案,百思不得其解。忽一日捕快头建议——“老爷可散开死者发髻,也许会发现死者是被钉死的。”包公依言,于是案破。于是进而犯了疑惑,问捕快头怎么会想到这一点?捕快头从实招来,是自己老婆指点的。问那女人可是捕快头的原配之妻,答非原配。问其先夫怎么死的,答不明暴症而亡。包公听罢,心中已做出了七分判断,命速将那女人传来,当堂一审,一吓,女人浑身瑟瑟发抖,从实招了——原来她竟是以同样手段害死自己先夫的……

在法国小说《双城记》中,关于钉子的一段描写使我留下至今难以磨灭的记忆——暴动的市民在女首的率领之下夜袭监狱,见老更夫躺在监狱门前酣睡着。女首下令杀他,听命者殊不忍,说那老更夫乃是一位善良的好人。但在女首看来,善良的好人一旦醒来,必然呼喊,则必然破了“革命”的大事。于是亲自动手,用铁锤将一根大钉砸入老更夫的太阳穴——后者在浑然不觉中无痛苦地死去。尽管书中写的是“无痛苦”,但我读到那一段时,仍不禁地周身血液滞流,一阵冷颤……

革命和反革命镇压革命的手段,每每具有同样的残酷性。“你死我活的阶级斗争”这一句话,细思忖之,难免地令人不寒而栗……

世界上有四根钉子是最不寻常的——那就是将耶稣基督活活钉死在十字架上的四根钉子。人类中极为众多的一部分一想到他们的信仰之神,肯定便会同时想到那四根钉子。它们被基督徒们视为“圣钉”,它们竟因沾了基督的血而被一部分人类牢记着。它们虽被视为“圣钉”,但对于基督徒们来说却意味着一桩耻辱。它们是这世界上唯一直接钉入信仰的物质之物。五百多年前意大利文艺复兴初期的伟大画家曼特尼亚的名画《哀悼基督》中,基督两只脚的脚心和双手之手背上的钉孔被画得触目惊心……

将人钉死在十字架上的残酷做法，似乎是罗马人惯用的。除了基督，他们还钉死过伟大的奴隶战士斯巴达克斯，和他六千余名负伤而失去了战斗能力的战友。尽管《斯巴达克斯》这部书中不是这么写的，但在我上中学时，讲世界历史的老师却是这么讲的。并且，《斯巴达克斯》这部电影中，也是这么表现的。故在我少年的思想中，罗马的统治者是极端暴戾的统治者，罗马帝国的军队是极端暴戾的军队。对它后来的衰亡，我一向心怀当代人的幸灾乐祸……

俄国小说《父与子》中写到一位名叫巴扎托夫的早期革命者。他的职业是乡村医生。但他像鲁迅一样，相信与其治病救人，毋宁先启蒙人们的思想。他明白革命是冒险的必定要饱尝苦难的事业，于是他经常睡在钉满钉子的木板上，就像今天的硬气功师们当众表演气功那样……

20 世纪有一个美国人，他体内被钉了长短 36 根铆钉以后仍活了近 20 年。一次车祸几乎使他全身的骨头都不同程度地受损。医生为他做的那一次手术，仿佛用钉子钉牢一只四分五裂的凳子……

法国巴黎蓬皮杜艺术中心的某一展厅内曾展出过大约三四百根崭新的、一寸多长的钉子。那些钉子大约是迄今为止世界上唯一被“艺术品”化了的钉子。丝毫也没有任何其他的艺术性陪衬，更没被加工过，就那么尖端朝外一根根呈扇形摆在水泥地上，摆了几组。而且，单独占据一个不小的展厅。参观者们进入，绕行一圈，默默离去。那一层厅里无人驻足过。

我访法时，曾以虚心求教的口吻问法方翻译：“有什么人看出过其中的艺术奥妙吗？”他摇着头回答：“目前还没有。”问艺术“创作”者何人？答曰名气不小。我说我儿子也能摆成那样。他说——但只有一个法国人这么想：自己既可以认为那就是艺术创作，又有勇气向艺术中心提出参展申请。我说，那么使我感兴趣的倒非是那些钉子，而是中心艺术审查委员们的鉴赏眼光了。他说，正因为他们的艺术鉴赏眼光与众不同，才有资格作为艺术审查委员啊！据报载，今年艺术中心将一批毫无意义的“垃圾展品”清理掉了——不知其中是否也包括那些被展出了二十多年的钉子？那些钉子常使我暗想——有时我们人类是不是太容易被某些“天才”们愚弄了？

不是在戏剧中，不是在电影中，不是在小说和《圣经》中，而是在现实中，同时又成了罪证的一根钉子，在中国某县的法庭上被出示过——一个做继母的女人，用一根钉子害死了后夫四岁的儿子。她先用木棍将那儿童击昏，接着将一根大钉子顺着耳孔狠狠钉进了那儿童的头颅……

这即使是戏剧中或电影中的一个情节，也够令人胆战心惊的了。何况是真事？故我确信，有些人类的内心里，也肯定包藏着一根钉子。当那根钉子从他们或她们内心里戳出来，人类的另一部分同胞就不可避免地会受到危害。一个事实恐怕是——人类面临的许多灾难，十之五六是一部分人类带给另一部分人类的。而人类最险恶的天敌，似乎越来越是人类自己。在21世纪，人类如何从这种最大的生存困扰之中解脱出来呢？

时间即“上帝”

少年时读过高尔基的一篇散文《时间》。高尔基在文中表现出了对时间的无比敬畏。不，不仅是敬畏，甚至可以说是一种极其恐惧的心理。是的，是那样，因为高尔基确乎在他的散文中用了“恐惧”一词。他写道——夜不能眠，在一片寂静中听钟表之声嘀嗒，顿觉毛骨悚然，陷于恐惧……

少年的我读这一篇散文时是何等的困惑不解啊！怎么，写过激情澎湃的《海燕》的高尔基，竟会写出《时间》那般沮丧的东西呢？步入中年后，我也经常对时间心生无比的敬畏。我对生死问题比较地能想得开，所以对时间并无恐惧。我对时间另有一些思考。有神论者认为一位万能的神化的“上帝”是存在的。无神论者认为每一个人都可以成为自己的“上帝”，起码可以成为主宰自己精神境界的“上帝”。我的理念倾向于无神论。但，某种万能的，你想象其寻常便很寻常，你想象其神秘便很神秘的伟力是否存在呢？如果存在是什么呢？我认为它就是时间。我认为时间即“上帝”。它的伟力不因任何人的意志而转移。“愚公移山”“精卫填海”，其意志可谓永恒，但用100年挖掉了两座大山又如何？用1000年填平了一片大海又如何？因为时间完全可以再用100年堆出两座更高的山来，完全可以再用1000年“造”出一片更广阔的海域来。甚至，可以在短短的几天内便依赖地壳的改变完成它的“杰作”。那时，后人早已忘了移山的愚公曾在时间的流程中存在过，也早已忘了精卫曾在时间的流程中存在过，而时间依然年轻。

只有一样事物是不会古老的，那就是时间。

只有一样事物是有计算单位但却是无限的，那就是时间。

“经受时间的考验”这一句话，细细想来，是人的一厢情愿——因为事实上，宇宙间没有任何事物能真正经受得住时间的考验。1000年以后金字塔和长城也许成为传说，珠穆朗玛峰会怎样很难预见。

归根结底我要阐明的意思是——因为有了人，时间才有了计算的单位；因为有了人，时间才涂上了人性的色彩；因为有了人，时间才变得宝贵;因为有了人,时间才有了它自己的简史;因为有了人,时间才有了一切的意义……

而在时间相对于人的一切意义中,我认为,首要的意义乃是——因为有了时间,人才思考活着的意义;因为在地球上的一切生命形式中,独有人进行这样的思考,人类才有创造的成就。

人类是最理解时间的真谛,也是最接近着时间这一位“上帝”的。每个具体的人亦如此。连小孩子都会显出“时间来不及了”的忐忑不安或“时间多着呢”的从容自信。决定着人的心情的诸事,掰开了揉碎了分析,十之八九皆与时间发生密切关系。人类赋予了冷冰冰的时间以人性的色彩;反过来,具有了人性色彩的时间,最终是以人性的标准“考验”着人类的状态——那么,谁能说和平不是人性的概念?谁能说民主不是人性的概念?谁能说平等和博爱不是时间要求于人类的?人啊,敬畏时间吧,因为,它比一位神化的“上帝”对我们更宽容,也比一位神化的“上帝”对我们更严厉。

人敬畏它的好处是——无论自己手握多么至高无上的权杖,都不会幼稚地幻想自己是众生的“上帝”。因为也许,恰在人这么得意着的某个日子,时间离开了他的生命……

也论“消费”

每从报上读到关于某些暴富的大款奢华一席挥霍几千几万十几万

几十万,乃至上百万的报道,我便不由得想到“强”二字。

据我思忖,他们和金钱的关系,有如性心理错乱的男人同被其绝对占有的女人的关系。你不妨想象,他巴望绝对占有一个女人巴望了很久很久,那么他一旦占有了她,他蹂躏她,自恃合理合法地强暴她,其快感于他这方面而言,与正常的做爱相比,肯定是强烈十倍,巨大十倍的吧?

对于他们,金钱和女人也许是一样的东西吧?甚至是比女人更性感的东西吧?强暴女人法律难容。即或是对妻子,肆意蹂躏和性虐待之丑行,倘妻子不是同样的性心理变态甘愿配合,难免也是要诉诸法律的。而强暴、蹂躏、虐待在他们看来即使不比女人更性感也和女人一样会使他们得到心理满足和泄欲快感的金钱,却是不必有丝毫顾虑的。因为金钱是永远不会控告它的占有者的。与女人相比,金钱,只要一个人占有了它,它是绝对百依百顺的。这是金钱比女人尤其好,尤其温柔的方面。

而且,强暴金钱,对某些暴富的大款们来说,肯定有种仿佛把世上全体的女人都强暴了似的特殊的性体验。无疑的,在他们看,金钱不但是和女人一样的东西,而且意味着几乎是一切女人的主宰。他连一切女人的主宰都强暴了,世上还有哪一个女人是他不可以强暴的吗?

这就好比旧中国某些有钱的嫖客。他们嫖到后来,将一个个女人嫖得够够的时候,他们的性欲居然会匪夷所思地转移到老鸨的肉体上去。对他们,那似乎意味着最后的、一次性的、统统的强暴。而往往在那之后,他们也就阳痿了……

当然也有反过来的情况——某些曾经盘桓妓院门口并被驱赶过的男人,一旦暴富,雄赳赳气昂昂地进入了妓院,老鸨趋上前来,若问他要哪位“姑娘”,他便将钱啪地往桌上一拍:“俺首先要的是你!”并不计较老鸨是否和“姑娘”一样有姿色……

对于今天某些暴富并穷奢极欲的大款们，床和席桌是一样的，“黄金宴”和秀色可餐的女人是一样的，挥霍金钱的快感和消受女人的快感是一样的……

如果终究有什么不同，那就是——强暴金钱，按照弗洛伊德的理论来分析，亦体现着他对全社会的潜意识里的报复式的强暴，以及他对他过去可能穷困潦倒的生活报复式的强暴。

他们是中国特色的怪胎，是一些由暴富而导致的病人。

我想，倘为他们开一诊所，叫做“暴富症及强暴金钱综合症诊所”什么的，兴许还是经济效益、社会效益不错的呢！在他们康复之前，对于因穷困而失学或误治的儿童，哪怕气色怜人，气息奄奄，他们也是毫无同情心的。

至于那些吃掉了千百亿公款的形形色色的“公仆”们，则需要做另外的更深一层的分析和医疗了……

低消费，也潇洒。这厮自然是一个心甘情愿的低消费“主义”者，这厮也自然便是我自己。

低消费而且“主义”，无论怎样地表白并没有鼓吹的意思，都是枉然的。因为但凡是个“主义”者，总难免招至企图以自己的“主义”去影响别人的活法的嫌疑。但我本性上其实断无这种坏念头。倘谁们不小心受了我的影响，其后大觉不幸，或被家属亲戚朋友同事一干人等纷纷地认为不幸，我则自忖有言在先，是没什么罪过的。不奉陪打官司，补偿“心理纠纷”或“精神损失”之类……

在本季节，扳着指头一算，一身从上到下，从里到外，统统加起来，不足 70 元——五六年没穿过自己买的背心了。有一时期，我们儿影每拍一部影片，便印一批广告背心。就在写这篇小文时，《哦，香雪》仍穿在身，而它早已是完成于1989年的影片了。衣橱里还没穿的背心上，有的印有“北京机械学院”，有的印有“深圳青年”，有的印有“XX旅行社”，总之三五年内还不必买背心……

有次乘飞机，觉得“空姐”们对我格外亲切，就很纳闷儿。回到家里才明白，原来穿着一件印有“XX航空公司”字样的背心，而所乘也正是那一航空公司的航班。却想不起来是在什么时候什么情况之下，得到了那么一件背心……

还有次出差，独行闹市，发觉无尽的目光，锥子似的盯在身上，凝冷而且——分明地怀着仇恨似的。私下暗想着此地的人欺生何以到了这等地步。恰巧遇到了北京的熟人，把自己的困惑对他说了。他绕我一圈儿，就脱下他的褂子让我穿上，陪我走至僻静处才开口道：“老兄，你怎么敢穿着印有‘XX公司’字样的背心招摇过市？中央电视台刚刚播了‘XX债券’是一个大骗局的新闻，此地几万受骗者们正不知找谁去算账呢！”

惊出了一身虚汗，自忖和那么一个轰动全国的大骗局毫无勾搭啊，可背心又是从何而来呢？

说起来，这时代很像一个穿背心的时代。其实这类赠送的背心，估计许多人家里都会有一两件的，只不过一些体面的讲究绅士风度的男人不屑于穿罢了。这广告如洪的时代，简直是太成全我这个低消费的男人了……

当然较庄重的场合，还是以背心外再穿件褂子为宜。于是便有了几件褂子，某天散步，顺便逛早市，忽听一阵富有吸引力的吆喝——“衬衣衬衣，不惜血本大甩卖，八块钱一件啦！”

不禁地就驻足，就回望——这年头，物价以百分之二十几的幅度上涨着，八块钱还能买件衬衣么？于是走回去，也不挑，买了两件便夹回家。妻见了，翻着白眼说："又是从早市上买的处理货?"我说："都不在早市上买东西，人家还辟出早市干什么?"

并不觉着多么难为情——文化人买便宜的东西未见得就不文化了。一身名牌也不见得就更文化到哪儿去。一件衬衣如果几百元、上千元，纵然是好得不得了，纵然你的形象很重要，不充那号"冤大头"又怎样？会血压升高心肌梗塞从此癌症潜伏么？长裤当然也是早市上买的——19元一条，已穿了两年了。鞋嘛，22元一双。

我穿着总价值七十来元从里到外从上到下的一身，就很热爱生活。而且不消说还能穿得比20世纪50年代至80年代好，这生活就起码可满足了。

至于我自己，绝不敢在生活水平方面冒充"百姓"，收入要比他们高不少。低消费乃是为了使高消费者们的队伍更"纯洁"些。我看于中国而言，这支队伍不必人为地煽动着它的扩大。这种煽动，从表面看，似乎能在一个时期内猛增某些经商个人、集体、商企或国家的巨大利润，但从长远看，却近乎饮鸩止渴。低收入水平的，90%以上的中国人，尤其不要经不起高消费鼓噪的煽动。你经不起煽动，你明明达不到高消费的收入水平，却偏要挤进高消费者们的队伍，结果乃是你扩大了它，你中了牟取暴利的商业的诡计，它反过来有理由继续高抬一切商品的物价，并将这一灾难转嫁于老百姓，其中当然也包括你自己、你的家人……

抑制通货膨胀，除了国策的宏观调控，还要有老百姓的配合意识。老百姓如果不为高消费的种种煽动所蛊，某些商品价格的不道德的抬高，则只能是牟取暴利的商业利润追求者们的尴尬。商业也是有道德与不道德之分的。一种商品如果其利润高达几十倍、近百倍，乃至几百倍时，无疑是人类社会最不道德的丑陋现象之一。比如月饼，几千元、上万元一盒是极荒唐的。普通的老百姓若不意识到这是对自己过一个传统的民间的节日之权益的亵渎，也跟着凑钱借钱去买，则不但不令人同情，反而令人讨厌了。那以后中国人就将吃不上几十元一盒的月饼了。“中秋节”对普通老百姓也将不“节”了……

第三部分

人文的力量

拒做儒家思想的优秀生

文化是一个内涵极其广泛极其丰富的概念。我想仅就中国文化中的思想现象，而且主要是关于国家、民族、民主和知识分子们亦即古代文人们与权力、权势关系的某些思想现象，向诸位汇报我自己的一点儿浅薄之见。

夏朝是中国历史上第一个传说和古人追述之中的朝代，始于公元前2070年，距今4000余年了。商朝是中国第一个有文字记载的朝代，那么商朝应该说是中国真正意义上的思想史、文化史的端点。其后一概思想现象，皆由此端点发散而存。到了公元前500年左右，就应该是春秋战国时代了，那是一个大动荡、“大改组”的历史阶段，统治权分分合合，合合分分，可谓波澜动魄，时事惊心。也许正是因为那样一种局面，促使和刺激中国古代的思想者们积极能动地思考统一与统治的谋略。他们相互辩论，取长补短，力争使各自的思想更加系统、成熟，具有说服力。那是中国古代思想者们自发贡献思想力的现象，后人用“诸子百家”来形容。而孔子则当之无愧地成为那一时期的思想家。

以当时而谈，孔子们的思想确乎是博大精深的。政治、军事、经济、民生、文化、风俗、人和自然、家庭、人以及自身的关系，如生老病死，我们古代的思想家们当时都想到了。

我们古代的思想家们，是特别重视思想美感的，这一点是非常值得后人学习的。比如“天道酬勤，天行健，君子以自强不息；地势坤，君子以厚德载物”这句古代名言，道理并不深奥，但与天与地进行了修辞联系，语境宏大开阔，不仅具有思想美感，而且具有极为亲和的说服力。因为其修辞暗示显然是——且不论你能否做到，只要你愿意接受此思想，你仿佛就已经是君子了。而是君子的感觉，当然是人人都愿有的令人愉快的感觉。正确的思想，以美的语言或文字来传播，才更有利于达到其教化作用。我们古代的思想家们，既不但重视思想力的美感，分明还深谙并尊重接受心理学。

看我们的当下，有些官员的话语，即使在宣传很正确的思想时，也往往是令人打瞌睡的，有时甚至是令人极其反感的。他们宣传思想的语言表达能力是难以令人恭维的，缺乏形象生动的词汇，仿佛一旦撇开人人耳朵都听出老茧来了的那一套“政治常用词”，便不会以自己的语言来表达了。还每以一种高高在上的思想特权者的盛气凌人的语势训人，使别人感到思想压迫。

我认为，他们尤其应该向我们古代的思想家们学习。我们古代思想家们的思想，还是很精粹的。

比如“治大国若烹小鲜”这一绝妙比喻，即使从文学角度来看，也堪称佳句经典。“苛政猛于虎”，则一针见血。

曾经有一段时间，简单的思想方式特别流行，比如“不破不立，破字当头，立在其中”。应该说这句话的本意是不错的。但“破”字，无论在古代还是当代，都更应该是一个包含智慧性的动词才对，是指尽量采取智慧性的主动态度。好比一盘看起来的死棋，也许并非真的每一个棋子都没有活步了。也许发现了哪一个棋子的一步活步，便全盘僵局改变，所以才有一个词叫“破局”。在作文章方面叫“破题”，数学、几何里叫“破解”。

我个人认为，铲倒性的思想力，难免更是思想冲动力。思想冲动力也是浮躁之思想力。目的纵然达到，代价往往巨大。中国古代的思想家们，在方法和目的之关系方面，是很重视代价大小的。

我觉得，中国古代思想家们的思想遗产有如下特征：第一，农耕时代以农为纲的思想；第二，渴望明君贤主的抱负寄托思想；第三，求稳抑变的保守主义思想，这里指的是后来成为历朝历代主流思想的儒家思想，法家思想现象另当别论；第四，道德理想主义思想；第五，文人实现个人功利前途的特质；第六，唯美主义的思想力倾向。

总而言之，中国古代思想家或思想力这一概念，同时也必然是封建时代思想家和思想力的概念。既然是封建时代的，再博大再精深，那也必然具有封建时代的杂质，存在有服务于封建秩序的主观性。所以，我个人绝不是所谓“传统文化思想”的崇拜者。中国古代思想家们之思想的一大兴趣点，往往更在于为帝王的老师。这是我不崇拜的主要原因。好为帝王老师，难以做到在思想立场上不基本站在帝王者们一边。

当然，站在帝王身侧的一种思想立场，也往往贡献出有益于国泰民安的思想。比如孔子说：“大道之行也，天下为公，选贤与能，讲善修睦。”这样的思想，帝王们若不爱听，其实等于自言自语。

中国古代的思想家们，比较自信只要自己苦口婆心，是完全可以由他们教诲出一代代好的帝王的。

而西方古代思想现象的端点，却是从古希腊和古罗马时期发散开来的。古罗马帝国是形成过民主政体的雏形的，故在西方古代思想的成果中，“天下为公”是不需要谁教诲谁的，是人类社会的公理，像几何定义一样不必讨论。

两种端点是很不同的，所谓“种子”不一样。

帝王统治不可能完全不依靠思想力。儒家思想乃是帝王们唯一明智选择的思想力，所以他们经常对儒家思想表现出半真半假的礼遇和倚重。这就形成为一种王权对社会思想的暗示——于是后来的中国知识分子，或曰中国文人，越来越丧失了思想能动力，代代袭承地争当儒家思想的优秀生，做不做帝王的老师都不重要了，能否进入“服官政”的序列变得唯一重要了。当前，“儒家文化”似乎渐热，对此我是心存忧虑的。

在21世纪，对于一个正在全面崛起的泱泱大国，当代思想力并未见怎样地发达，却一味转过身去从古代封建思想家们那儿去翻找思想残片，这是极耐人寻味的。而如此一种当代中国的思想现象究竟说明了些什么，我还没想清楚，待想清楚了再做汇报……

文明的尺度

某些词汇似乎具有无限丰富的内涵，因而人若想领会它的全部意思并非一件简单的事情，比如宇宙，比如时间。不是专家，不太能说清楚。即使听专家讲解，没有一定常识的人，也不太容易真的听明白。但在现实生活之中，却仿佛谁都知道宇宙是怎么回事，时间是怎么回事。

为什么呢？因为宇宙和时间作为一种现象，或曰作为一种概念，已经被人们极其寻常化地纳入一般的认识范畴了。大气层以外是宇宙空间；1 年 12 个月，1 天 24 小时，每小时 60 分钟，每分钟 60 秒。

这些基本的认识，使我们确信我们生存于怎样的一种空间，以及怎样的一种时间流程中。这些基本的认识对于我们很重要，使我们明白作为单独的一个人其实很渺小，“飙乎若微尘”。也使我们明白，“人生易老天难老”，时间即上帝，人类应敬畏时间对人类所做的种种之事的考验。由是，我们的人生观、价值观大受影响。

对于普通的人们，具有如上的基本认识，足矣。

“文明”也是一个类似的词。

东西方都有关于“文明”的简史，每一本都比霍金的《时间简史》厚得多。世界各国，也都有一批研究文明的专家。

一种人类的认识现象是有趣也发人深省的——人类对宇宙的认识首先是从对它的误解开始的，人类对时间的概念首先是从应用的方面来界定的。而人类对于文明的认识，首先源于情绪上、心理上，进而是思想上、精神上对于不文明现象的嫌恶和强烈反对。当人类宣布某现象为第一种“不文明”现象时，真正的文明即从那时开始。正如霍金诠释时间的概念是从宇宙大爆炸开始。

文明之意识究竟从多大程度上改变了，并且还将继续改变我们人类的思想方法和行为方式，这是我根本说不清的。但是我知道它确实使别人变得比我们自己可爱得多。

20世纪80年代我曾和林斤澜、柳溪两位老作家访法。一个风雨天，我们所乘的汽车驶在乡间道路上。在我们前边有一辆汽车，从车后窗可以看清，内中显然是一家人。丈夫开车，旁边是妻子，后座是两个小女儿。他们的车轮扬起的尘土，一阵阵落在我们的车前窗上。而且，那条曲折的乡间道路没法超车。终于到了一个足以超车的拐弯处，前边的车停住了。开车的丈夫下了车，向我们的车走来。为我们开车的是法国外交部的一名翻译，法国青年。于是他摇下车窗，用法语跟对方说了半天。后来，我们的车开到前边去了。

我问翻译："你们说了些什么？"

他说，对方坚持让他将车开到前边去。

我挺奇怪，问为什么。

他说，对方认为，自己的车始终开在前边，对我们太不公平。自己根本没法开得心安理得。

而我，默默地，想到了那法国父亲的两个小女儿。她们必从父亲身上受到了一种教育，那就是——某些明显有利于自己的事，并不一定真的是天经地义之事。

隔日我们的车在路上撞着了一只农家犬。是的，只不过是"碰"了那犬一下。只不过它叫着跑开时，一条后腿稍微有那么一点儿瘸，稍微而已。法国青年却将车停下了，去找养那只犬的人家。十几分钟后回来，说没找到。半小时后，我们决定在一个小镇的快餐店吃午饭，那法国青年说他还是得开车回去找一下，说要不他心里很别扭。是的，他当时就是用汉语说了"心里很别扭"五个字。而我，出于一种了解的念头，决定陪他去找。终于找到了养那条犬的一户农家，而那条犬已经若无其事了。于是郑重道歉，主动留下名片、车号、驾照号码……回来时，他心里不“别扭”了。接下来的一路，又有说有笑了。

我想，文明一定不是要刻意做给别人看的一件事情，它应该首先成为使自己愉快并且自然而然的一件事情。正如那位带着全家人旅行的父亲，他不那么做，就没法儿“心安理得”。正如我们的翻译，不那么做就“心里很别扭”。

中国也大，人口也多，百分之八九十的人口，其实还没达到物质方面的小康生活水平。腐败、官僚主义、失业率、日愈严重的贫富不均，所有负面的社会现象，决定了我们中国人的文明只能从底线上培养起来。20世纪初，全世界才有 16 亿多人口。而现在，中国人口只略少于 100 多年前的世界人口而已。

所以，我们不能对我们的同胞在文明方面有太脱离实际的要求。无论我们的动机多么良好，我们的期待都应搁置在文明底线上。而即使在文明的底线上，我们中国人一定要改变一下自己的方面也是很多的。比如袖手围观溺水者的挣扎，其乐无穷，这是我们的某些同胞一向并不心里“别扭”的事，我们要想法子使他们以后觉得仅仅围观而毫无营救之念是“心里很别扭”的事。比如随地吐痰，当街对骂，从前并不想到旁边有孩子，以后人人应该想到一下的。比如中国之社会财富的分配不公，难道是天经地义的吗？我们听到了太多太多堂而皇之天经地义的理论。当并不真的是天经地义的事被说成仿佛真的是天经地义的事时，上公共汽车时也就少有谦让现象，随地吐痰也就往往是一件大痛其快的事了。

中国不能回避一个关于所谓文明的深层问题，那就是——文明概念在高准则方面的林林总总的“心安理得”，怎样抵消了人们寄托于文明底线方面的良好愿望？

我们几乎天天离不开肥皂，但肥皂反而是我们说得最少的一个词；“文明”这个词我们已说得太多，乃因为它还没成为我们生活内容里自然而然的事情。

这需要中国有许多父亲，像那位法国父亲一样自然而然地体现某些言行……

关于情感教育

第一，首先我们强调，我们所言之“情感”二字，当然的，非仅指爱情现象的那一种情感，也不是包括了亲情和友情关系便全部涵括了的那一种情感。不，不是这样的。我们所关注、研讨、分析和提升的情感，很丰富，很广博。

马克思说：“人是一切社会关系的总和。”这“一切社会关系”，包括政治、经济、法律、科技，等等。自然，也包括人类的情感现象。也就是说，倘忽视人类社会的林林总总的情感现象，则“人是一切社会关系的总和”这一句话，就不能成立，起码是有严重缺陷的概括。或换一种说法，人和社会和他人的一切关系，最终必然会呈现于人的情感方面。

第二，谁教育谁？

师生共同接受教育。

师生相互教育。

我们共同地、自觉地自己教育自己。并且，将这一种自我教育，首先当成对自身有益的精神保健。

那么，究竟谁是教师呢？一言以蔽之——文化。古今中外人类文明发展至今的文化遗产中，蕴含着极为丰富的解读人类情感现象的正面的和反面的记录，都可作为我们的教材。

我要再强调一点，情感教育这一门课程，不是和我们的中文专业无关的课程，也不是中文专业的辅助课程，而是和我们的中文专业密不可分的课程。简直可以这样说，忽略对人类情感现象的研究、分析、了解，中文其实已不再是中文，人类的一切文艺的、文化的现象，便全都没有了文艺的和文化的精神可言。比如毕加索——如果我们不研究、不了解他和他一生所从事的绘画艺术之间的深刻的情感关系，不了解他和他所处的时代的情感关系，则我们无法理解他的某些画。

当然，人类的全部文艺的、文化的发展过程，是一个不断扬弃的过程。即使我们教学的是中文，中文和我们的关系，也远不及社会和我们的关系那么紧密。

故我们的眼，我们的耳，我们的心，不能只去看、听和想从前的人事，文艺中的人事，文化中的人事，更要关注现实。我们必然要立足于今天审视文化，也必然要借助文化来解析现实。

我们的情感教育所涉及情感现象较多，比如情调、情绪、情结、情愫、情操、情怀……

依我想来，情调是后天的，易变的；往往与时尚有关，甚至是某阶段比较刻意的、做作的一种表层面的情感现象，每具有欺人性和自我欺骗性，却又往往是宁愿的、愉悦的。

而情绪，则是一种司空见惯的情感的冲动表现。每一个人都常有这样的情况，企图掩饰是一件极难之事。比之于情调，它是情感的真实流露。不一定可取，但肯定真实。一般情况下，它是一种应该予以宽容的情感表现，但同时，又是一种需要克制的情感表现。

情结乃是情感长期堆积于心而形成的意识块垒。通常并无大害，只不过使人一厢情愿地一往情深，但也可能导致人的情感偏执，于是远离了客观和真实。

情愫是可持续的，相对稳定的情感现象，每以相对稳定的价值取向为其基础。

情操乃是在情愫的基础之上升华了的一种情感现象。这一词汇的表意是决然正面的。它所体现的情感之质，高于人类普遍情感之质，它并非人人都具有的一种情感现象。正因为如此，一个有情操可言的人，几乎必有良好的信仰和操守，于是可敬。

情怀是一种超越一般情感本能的，受理性引导而又与理性水乳相融的情感现象。世上没有一个人是没有什么情操可言而居然有情怀的，世上也没有一个人是有情怀的而居然毫无操守。

情怀乃是一种大情感，使人具有不寻常的情感之境界。这使有情怀的人有时有点像宗教徒。他们的信仰不一定与宗教有关，但肯定和人类情感的崇高方面有关。

最基本的情怀是人道主义以及对公平和正义的超一己利益关系的主张。真正的公仆人物理应是对国家、对民族、对公众有着责任性质的真挚情怀的人。国家和民族若有许多这样的人，幸也。以上种种情感现象，都必然地生发于人的心里，亦作用于人的心，于是决定人的心理的明暗，于是体现为林林总总的言行：高尚、无私、爱、同情、宽容、感激、理解……或相反：恨、妒、歧视、轻蔑、嫌恶、恐惧、自私自利……而有时，情怀以相反的状态所表现的恰恰是它的优秀之质。比如，对于不道德的、丑陋邪狞的人事所表现的轻蔑和嫌恶，拒绝同流合污也。我们每一个人，不分性别、年龄、职业、社会地位和贫富，几天内，至少有一次会受到以上正反两个方面的情感所影响。我们的人性是有先天弱点和缺点的，我们不必修行为圣人。但我们若不互相进行情感的教育，若不师从于人类文化中的文明，我们有可能渐渐成为邪劣之辈、丑陋之人，而我们还不自知。仅仅具有本能情感的人是没有进化的人，因为本能的情感，那是动物也有的。甚至，连动物身上，也偶尔表现有超本能的情感。没有以文化方式为依托所进行的教育，人类的历史将停止在奴隶社会，而那时的人类是凶恶的，比地球上的任何一种动物都凶恶。

论教育的诗性

当我们在反省我们自己的中小学教育方法时，我想说，我们或许正是在丧失着教育事业针对于中小学生们的诗性内涵。

一向觉得，“教育”二字，乃具诗性的词。它使人联想到另外一些具有诗性的词——信仰、理想、爱、人道、文明、知识等。它使人最直接联想到的词是——母校、学生时代、师恩、同窗。还有一个词是“同桌”——温馨得有点妙曼，牵扯着情谊融融的回忆。

学校是教育事业的实体。学生将自己毕业的学校称为母校，其终生的感念，由一个“母”字表达得淋漓尽致。学生与教育这一特殊事业之间的诗性关系，无需赘言。

没有学生时代的人生是严重缺失的人生，正如没有爱的人生一样。

“师道尊严”强调的主要不是教师的个人尊严问题，而是教育之“道”，亦即教育的理念问题。全人类的教育理念从前都未免褊狭，“尊严”二字是基本内容。此二字相对于教育之“道”，也包含着古典的、庄重的诗性。人类现代教育的理念十分开放，学校不再仅仅是推动个人通向功成名就的“管道”，实际上已是关乎到一个民族、一个国家，乃至全人类文明前景的摇篮……

于是教育的诗性变得广大了。“教育”二字，令我们视而目肃，读而声庄，书而神端，谈而切切复切切。因为它与一概人的人生关系太紧密啊。一个生命就是一次空前绝后的奇迹，父母的精血决定了生命的先天质量。生命演变为人生的始末，教育引导着人生的后天历程。对于每一个具体的人，左右其人生轨迹的因素尽管多种多样，然而凝聚住其人生元气不散的却几乎只有一件事情，那就是教育的作用和恩泽。

因为教育与社会的关系太紧密啊。

一个绝大多数人渴望享受到起码教育的愿望遭剥夺的社会，分明的是一个被关在文明之门外边的社会。在那样的社会里，极少数人的幸运，除了给极少数人的人生带来成就和光荣，很难也同时照亮绝大多数人精神的暗夜。

教育是文明社会的太阳。

因为教育与时代的关系太紧密啊。

爱迪生为人类提供了电灯，他改变了一个时代。但是发电照明的科学原理一经被写入教育的课本里，在一切有那样的课本被用于教学而电线根本拉不到的地方，千千万万的人心里便首先也有一盏教育的“电灯”

亮着了……

全世界被纪念的军事家是很多的，战争却被人类更理智地防止着；全世界被纪念的教育家是不多的，教育事业却被人类更虔诚地重视了。

少年和青年们谈起文学家、文艺家难免是羡慕的，谈起科学家难免是崇拜的，谈起外交家、政治家难免是钦佩的，谈起企业家难免是雄心勃勃的——但是谈起教育家，则往往是油然而生敬意的了（如果他们也了解某几位教育家的生平的话）。因为有一个事实他们必定肯于默认——世界上有些人是在富有了以后致力于教育的，却几乎没有因致力于教育而富有的人。他们正从后者们鞠躬尽瘁所致力的事业中，获得人生的最宝贵的益处……

教育家和教育工作者们是体现教育诗性的优美的诗句。

而教育的诗性体现着人类诸关系之中最为特殊也最为别致的一种关系——师生关系的典雅和亲近。

所以中国古代有“一日为师，终身为父”的箴言，所以中国古代将拜师的礼数列为“大礼”。这当然是封建色彩太浓的现象，我觉得反而损害了师生关系的典雅和亲近。

那么，让我们来分析一下，上学这件事，对于一个学龄儿童，究竟意味着些什么吧！

记得我报名上小学那一天，哥哥反复教我十以内的加减法，因为那将证明我智力的健全与否。母亲则帮我换上了一身干干净净的衣服，并一再替我将头发梳整齐。我从哥哥和母亲的表情得出一种印象：上学对我很重要。我从别的孩子们的脸上得出另一种印象：我们以后将不再是个普通的孩子……

报完名回家的路上，忽听背后有一个清脆的声音高叫我的“大名”——也就是我出生后注册在户口本上的姓名。回头看，见是邻院的女孩儿。她的母亲和我的母亲要好，我和她稔熟之极，也经常互相怄气。此前我的“大名”从没被人高叫过，更没被一个稔熟的女孩儿在路上高叫过，而她叫我的小名早已使我听惯了。

我愕然地瞪着她，几乎有点儿恓惶起来。

她眨着眼问我：“怎么，叫你的学名你还不高兴呀？以后你也不许叫我小名了啊！”

又说：“你再欺负我，我就不告诉你妈了，要告诉老师了！”

一个人出生以后注册在户口本上的名字，只有当他或她上学以后才渐被公开化。对于孩子们而言，小学是社会向他们开放的第一处“人生操场”，班级是他们人生的第一个“单位”。人与教育的诗性关系，或一开始就得到发扬光大，或一开始就被教育与人的急功近利的不当做法歪曲了。

儿童从入学那一天起，一天天改变了“自我”的许多方面。他或她有了一些新的人物关系：老师、同学、同桌。有了一些新的意识：班级或学校的荣誉、互相关心和帮助、尊敬师长以及被一视同仁平等对待的愿望等等。有了一些新的对自己的要求：反复用橡皮擦去写在作业本上的第一个字，横看竖看总觉得自己还能写得更好，甚至不惜撕去已写满了字的一页，直至一字字一行行写到自己满意为止……

第一个“5”分，集体朗读课文，课间操，第一次值日……几乎所有的小学生，都怀着本能般的热忱进入了学生的角色。

那一种热忱是具有诗性的，是主动而又美好的，是在学校这一教育事业的实体环境培养之下萌生的。如果他或她某天早晨跨入校门走向班级，一路遇到三位甚至更多位老师，定会一次次郑重其事地驻足、行礼、问好。如果他或她已经是少先队员，那么定会不厌其烦地高举起手臂行标准的队礼。怎么会烦遇到的老师太多了呢，因为那在他或她何尝不是一种愉快呢！

当我们中国人在以颇为怀疑的眼光审视西方某些国家里实行的对小学生的"快乐教育"时，我们内心里暗想的是——那不成了幼儿园的继续了吗？

其实不然。

据我想来，他们或许正是在以符合自己国家国情的方式，努力体现着教育事业之针对于中小学生的诗性吸引力。

当我们在反省我们自己的中小学教育方法时，我想说，我们或许正是在丧失着教育事业针对于中小学生们的诗性内涵。

当我们全社会都开始检讨我们的中小学生所面临的学业压力已成匍匐重负时，依我看来，真正值得我们悲哀的乃是中小学教育事业的诗性质量，缘何竟似乎变成了枷锁？

将一代又一代儿童和少年培养成一代又一代出色的人，这样的事业怎么可能不是具有诗性的事业呢？

问题不在于"快乐教育"或其他教育方式孰是孰非，各国有各国的国情。别国的教育方式，哪怕在别国已被奉为经验的方式，照搬到中国来实行，那结果也很可能南辕北辙。问题更应该在于，我们中国人自己的头脑中，是否有必要进行这样的思考：如果我们承认教育之对于学生，尤其对于中小学生确乎是具有诗性的事业，那么我们怎样在中小学校保持并发扬光大其诗性的特征？

儿童和少年到了学龄，只要他们所在的地方有学校，不管那是一所多么不像样子的学校；只要他们周围有些孩子天天去上学，不管是多数还是少数，他们都会产生自己也要上学的强烈愿望。

这一愿望之对于儿童和少年，其实并不一概地与家长所灌输的什么“学而优则仕”或自己暗立的什么“鸿鹄之志”相关。事实上即使在城市里，绝大多数家长也并不经常向独生子女灌输那些，绝大多数的学龄儿童也断然不会早熟到人生目标那么明确的程度。

它主要体现着人性对美好事物的最初的趋之若渴。

在孩子的眼里，别的孩子背着书包单独或结伴去上学的身影是美好的；学校里传出的朗朗读书声是美好的；即使同样是在放牛，别的孩子骑在牛背上看书的姿态也是美好的……

这一流露着羡慕的愿望本身亦是具有诗性的。因为羡慕别的孩子的书包，和羡慕别的孩子的新衣服，是那么不同的两种羡慕。

这一点，在许多文学作品甚至自传作品中有着生动的描写。一旦自己也终于能去上学了，即或没有书包，即或课本是旧的、破损的，即或用来写字的只不过是半截铅笔，即或书包是从母亲的某件没法穿了的衣服上剪下的一片布做成的，终于能去上学了的孩子，内心里依然是那么激动……

这也不是非要和别的孩子一样的“从众心理”。

因为，情形很可能是这样的，当这个曾强烈地羡慕别人能去上学的孩子向学校走去的时候，他也许招致另外更多的不能去上学的孩子们巴巴的羡慕目光的追随。斯时，后者们才是“众”……

我曾到过很偏远的一个山区小学。那学校自然令人替老师和孩子们寒心。黑板是抹在墙上的水泥刷了墨，桌椅是歪歪斜斜的带树皮的木板钉成的，孩子们的午饭是每人自家里装去的一捧米合在一起煮的粥，就饭的菜是半盆盐水泡葱叶。我受委托去向那一所小学捐赠一批书和文具。每个孩子分到书和文具的同时还分到一块橡皮。他们竟没见过城市里卖的那种颜色花花绿绿的橡皮，以为是糖块儿，几乎全都往嘴里塞……

我问他们上学好不好？

他们说好，说还有什么事比上学好呢？

问上学怎么好呢？

都说识字呀，能成有文化的人啊。

问有没有志向考大学呢？

皆摇头。有的说读到小学毕业就得帮家里干活儿了，有的以庆幸的口吻说爸爸妈妈答应了供自己读到初中毕业。至于识字以外的事，那些孩子们根本连想也没想过……

解海龙所摄的、成为"希望工程"宣传明星的那个有着一双大大的黑眼睛的小女孩，凝聚在她眸子里的愿望是什么呢？是有朝一日能跨入名牌大学的校门吗？是有朝一日戴上博士帽吗？是出国留学吗？是终于成为人上人吗？

我很怀疑她能想到那么多、那么远。

我觉得她那双大大的黑眼睛所巴望的，也许只不过是一间教室、一块老师在上面写满了粉笔字的黑板、一套属于她的课桌椅——而她能坐在教室里并且不必想父母会因交不起学费而发愁，自己也不必因买不起课本、文具而愀然……

总而言之我的意思是，恰恰在那些被叫做穷乡僻壤的地方，在那些期待着"希望工程"资助教育事业的地方，在简陋甚至破败的教室里，我曾深深地感受到儿童和少年无比眷恋着教育的那一种简直可以用"黏连"二字来形容的、"糯"得想分也分不开的关系。

那是儿童和少年与教育的一种诗性关系啊！我在某些穷困农村的黄土宅墙上，曾见过用石灰水刷写的这样的标语："再穷也不能穷了教育，再苦也不能苦了孩子！"它是农民和教育的一种诗性关系啊！有点豪言壮语的意味。然而体现在穷困农村的黄土宅墙上，令人联想多多，看了眼湿。

我的眼并不专善于从贫愁形态中发现什么"美感"，我还未矫揉造作到如此地步。我所看见的，只不过使我在反观我们城市里的孩子与教育，具体说是与学校的关系时，偶尔想点儿问题。

究竟为什么，恰恰是我们可以坐在宽敞明亮的教室里，而且根本不被"学费"二字困扰的孩子，对上学这件事，对学校这一处为使他们成才而安排周全的地方，往往表现出相当逆反的心理呢？

这一种逆反的心理，不是每每由学生与教育的关系，与学校的关系，迁延至学生与老师与家长的关系中了吗？

不错，全社会都看到了中小学生几乎成了学习的奴隶，猜到了他们失乐的心理，看到了他们的书包太大太重，看到了他们伏在桌上的时间太长久了……

于是全社会都恻隐了，于是采取对他们"减负"的措施。但又究竟为什么，动机如此良好的愿望，反而在不少家长们内心里被束之高阁，仿佛你有千条妙计，我有一定之规呢？但又究竟为什么，"减负"了的学生，有的却并不肯"自己解放自己"，有的依然小小年纪就满心怀的迷惘与惆怅呢？如果他们的沉重并不主要来自于书包本身的压力，那么又来自什么呢？一名北京市的初二学生在寄给我的信中写道：

我邻家的哥哥姐姐们，大学毕业一年多了，还没找到工作，可都是正牌大学毕业的呀！我十分的努力，将来也只不过能考上一般大学。我凭什么，指望自己将来找到一份普普通通的工作竟会比他们容易呢？如果难得多，考上了又怎么样？学校扩招并不等于社会工作也同时扩招呀！可考不上大学，我的人生出路又在哪里呢？爸爸妈妈经常背着我嘀咕这些，以为我听不到。其实，我早就从现实中看到了呀！一般大学毕业生们的出路在何方呢？谁能给我指出一个乐观的前景呢？我现在经常失眠，总想这些，越想越理不出个头绪来……

倘这名初二女生的信多多少少有一点代表性的话，那么是否有根据认为——我们的相当一批孩子，从小既被沉重的书包压着，其实也被某种沉重的心事压着。那心事本不该属于他们的年纪，但却不幸地过早地滋扰着、困惑着他们了……他们也累在心里，只不过不愿明说。

我们的孩子们的状态可能是这样的：第一，爱学习，并且从小学三四年级起，就将学习与人生挂起钩来，树立了明确的学习目标；第二，在家长经常的耳提面命之下，懂了学习与人生的密切关系；第三，有“资格”不想、也不必怎样努力，反正自己的人生早已由父母负责铺排顺了；第四，厌学也没“资格”，却仍不好好学习，无论家长和老师怎样替自己着急都没用；第五，明白了学习与人生的密切关系，虽也孜孜努力，却仍对考上大学没把握。

对第一种孩子不存在什么学习负担过重的问题，倒是需要家长关心地劝他们也应适当放松；对第二种孩子，家长就不但应有关心，还应有体恤之心了。不能使孩子感到，他或她小小的年纪已然被推上了人生的“拳击场”，并且断然没有了别种选择……

前两种孩子中的大多数，一般都能考上大学。他们和他们的家长，无论社会在主张什么，总是“按既定方针”办的。

对第三类孩子，社会和学校并不负什么特别的责任。“减负”或“超载”也都与他们无关。甚至，只要他们不构成某种社会负面现象，社会和学校完全可以将他们置于关注之外，谈论之外，操心之外。

第四类孩子每与青少年社会问题有涉。他们的问题并不完全意味着教育的问题，也并非“中国特色”，几乎每个国家都有此类青少年存在。他们应是一个值得关注的问题，却也不必大惊小怪。

第五类孩子最堪怜。从他们身上折射出的，其实更是教育背后凸现的人口众多、就业危机问题。无论家长还是学校，有义务经常开导他们，使他们能够相信——我们的国家还在发展着。这发展过程中，国家捕捉到的一切机遇，其实都在有益的方面决定着他们将来的人生保障……

我们为数不少的孩子，确乎过早地“成熟”了。

本来，就中小学生而言，他们与学校亦即教育事业的关系，应该相对单纯一些才好。“识字，成为有文化的人。”——就是单纯。在这样一种儿童和少年与教育事业的相对单纯的关系中，教育体现着事业的诗性，孩子体验着求知的诗性，学校成为有诗性的地方。学校和教室的简陋不能彻底抵消诗性。教师和家长对学生之学业要求，也不至于彻底抵消诗性。

但是，倘学校对于孩子成了这样的地方——当他们才小学三四年级的时候，教师和家长就双方面联合起来使他们接受如此意识：如果你不名列前茅，那么你肯定考不上一所好中学，自然也考不上一所好高中，更考不上名牌大学，于是毕业后绝无择业的资本，于是平庸的人生在等着你；而你若连大学都考不上，那么你几乎完蛋了。等着瞧吧，你连甘愿过普通人生的前提都谈不上了。街头那个摆摊的人或扛着四十斤的桶上数层楼给邻家送纯净水的人，就是以后的你……

这差不多是符合逻辑的，差不多是现实，同时，也差不多是某些敏感的孩子的悲哀。

这一点比他们的书包更沉。

这一点，一旦被他们过早地承认了，“减负”不能减去他们心中的阴霾。

于是教育事业对于孩子们所具有的诗性，便几乎荡然无存了。

最后我想说——如果某一天，教师和家长都可以这样对中小学生讲——你们中谁考不上大学也没什么。瞧瞧你们周围，没考上大学的人不少啊！没考上大学就过普通的人生吧，普通的人生也是不错的人生啊！

倘这也差不多是一种逻辑、一种现实，那么，我们就有理由根本不谈什么“减负”不“减负”的话题了。中小学教育的诗性，就会自然而然地复归于学校了。当然，这样一天的到来，是比“减负”难上百倍的事。我却极愿为我们中国的中小学生祈祷这样一天的尽早到来！

人文教育：良知社会的起搏器

(一)

在国人看来，技术人才似乎可以离“人文”远一些，甚至无须人文主义熏陶。而中国的事实，也大致如此。但是，若从另一种更高的要求来说,即使爱因斯坦,在“二战”期间也要明确自己的人文立场。“二战”时候站在纳粹文化一边的科学家,在战争结束后是必须要给全世界一个说法的。因此,技术人才同样要对社会时事恪守最基本的人文判断和态度。所谓“人文理念”,其实说到底,是与动物界之弱肉强食法则相对立的一种理念。在动物界,大蛇吞小蛇,强壮的狼吃掉病老的狼,是根本没有不忍一说的。而人类之所以成为人类,乃因人性中会生出种种不忍来。这无论如何不应被视为人比动物还低级的方面。将弱肉强食的自然界生存法则移用到人类的社会中来,叫“泛达尔文主义”,和法西斯主义有神似之处。

“人文”其实就是以更文明的文化来“化人”——化成一个有社会良知的人,科技人才自然不能排除在外。如果允许成批的科技人才可以不恪守符合社会良知的价值观,那么,这些人就会沦为一批“科技动物”。而恰恰在这方面,我们做得很不够。

对技术人才可以放弃文化要求吗?西方早在20世纪七八十年代就发现了这个问题:千万不能忽视技术人才的人文教育。美国的医学院、法学院都是修完通识的本科之后,才允许申请就读。他们的本科中,特别重要的内容是人文教育。而我们的高中生可以直接学习医学、法学,绕开了必要的人文教育。实际上,医生和律师是最富人文色彩的职业,在课堂上,学生们往往不只是在讨论技术问题。举个例子说,一个病人送来了,可他的家属不在旁边,无法签字,而医生冒险抢救的成功几率也不大。在这种情况下,医生选择救还是不救?如果抢救失败,病人的家属来后,会引起很麻烦的医患纠纷。抢救或不抢救,考验并证明一个国家“人文”社会水平的高下。我们当然不应该要求每一位中国医护从业者都真的接近是天使,估计别国的医护从业者也做不到人人都接近是天使。区别也许仅仅在于：

第一，既有院方的明文规定，见死不救亦心安理得，并习惯成自然。

第二，见死不救是绝难心安理得的事，于是共同商讨实施抢救的两全之策。而有时两难之事，正是由于人性由于良知的不麻木和能动性，得以化解，呈现了两全的希望。所谓“人文”，无非如此“化”人而已。在人文主义文化厚实的国度，以上希望就多。反之，则少。甚而几近于无。在我们中国，唯上级指示和所谓“规定”为大的现象比比皆是。

往往，其大大于人命。举两个例子来说明：

第一，我是中学生的年代，哈尔滨市出现过一位为抢救国家财产而大面积烧伤的英雄人物，但是他在医院走廊躺了一个多星期得不到治疗，因为他是农民，生产队替他交不起押金。后来引起了省委领导的重视，下达了抢救的指示，但为时已晚。当年我们全班还集体朗诵了一首哈尔滨诗人满锐的诗来歌颂他，开头几句我至今仍记得：

少年朋友们，请看——
高高的山上有青松，
青松的枝头有雄鹰，
雄鹰展翅高飞腾，
声声鸣！

如果中国的少年们都能明白这么一个道理——相比于一条人命，不论英雄人物的还是普通人的，在不至于危害另外一些人的生命的前提之下，一切似乎不可违反的规定都可视为狗屁规定；那么，往后的中国人的人心，便算是被“人文”所“化”了。

第二，20 世纪 80 年代末 90 年代初，某沿海省份某小市港口管理部门接获海上频频发至的求救电讯，三十余条渔船在仅仅三十里外遭遇台风袭击，恳求出动大船营救。而港口内，也确乎停泊着大船数只，完成营救不在话下。但，小官吏要向上级请示，得到上级批准才敢派船。因为有规定，先交钱，后出船。遇险渔民们的家属一时凑不齐那么多钱，虽冒大雨集体跪于码头也还是无济于事。因为上级的指示是——严格执行规定。其结果是，二十几名渔民遇难……

又比如，首长出行，马路戒严，提前十几分钟，延后十几分钟，每三四十分钟。若有人急于回家大小便，而家就在马路对面，让不让过？若有老人在天桥上被晒得头晕，请求下天桥到树荫下凉快一会儿，行不行？送急症病人去医院抢救的私家车允许通行一下不？……

若有武警战士居然放行了，他的做法应该被理解还是应该严厉批评、处分。

若其遭遇是后种，以后谁还敢“人性化”一下？

若人人都成了不管面对什么情况，我都要做执行命令坚定不移的人，人民大众又将做何想法？

政治是不太说这些的。

正是政治不太说的这些，人文文化要大说特说，虽会引起从政的某些人士的不满，也要在所不惜。

人文文化“化”人，正是要如此这般也往社会细节处无怨无悔地“化”去。

诚然，近年来各级政府官员，对关乎人命之事，也确乎的不敢懈怠了。汶川地震、玉树地震以及其他许多灾情发生后，从党中央到国务院到各级政府官员，以人民大众的生命财产为重的意识，越来越明确了。

而这正是人文文化“化”一个国家的可喜的思想成果。

但以上那种反面例子的“上级”还大有人在，“下级”也大有人在，“规定”仍将“人文”二字“规”在其外，故人文“化”人的使命，远没完成。

（二）

大学应是人文气氛最厚重的地方，但是，我们做得也并不好。大学课程的安排太细致了，专业分科也太繁琐，而一旦要精简课程，首先拿下的就是人文课。大学生的学业压力很重，学外语要耗尽很多时间，计算机考级也很辛苦。总之，大学生们的头脑在一天 24 小时内，考虑更多的是专业成绩，关心更多的是证书。若稍微再有余暇，他们只会选择放松和休息。

大学也满腹怨言，凭什么非得进了大学才开始进行普及性的人文教育？这实际上已经有点晚了。这些进入大学之前的青年，按理说应该完成了初级的人文教育，他们进入大学后，更应该提升、巩固、刷新已经接受的人文意识。但是，我们回过头来看，在高中能不能完成人文普及教育呢？不能，因为高考的压力太大。再退回到中学说，还是不能，中考压力也不小。那索性就退到小学吧，可小学里又不能胜任此项任务——小学生的心智还未成熟。

但也不能据此就推卸掉人文教育的责任。事实上，一个孩子一出生就会成长在一种文化背景中，无论是在家里、幼儿园，还是小学，他们都会迅速形成作为现代人的最初的那些价值观，这包括对生命的尊重。譬如说，虐待小动物也是丑恶的行为。但若仔细想一想，多少中国人小的时候，会抓蜻蜓或蝴蝶，尤其是男孩子，会把它们的脚撕扯下来，想看看没有脚的蜻蜓和没有脚的蝴蝶是怎样的。捉到一只蜜蜂，每在它的脊背刺上细细的枝条，拿在手里玩弄。那些昆虫在他们看起来更像是种种无生命的玩具。这固然是好奇心驱使，但在西方很少会有此类现象。当然，现在我们的国家，公园里的这种情形也已经少多了。当小孩子刚刚懵懂懂事的时候，人文教育实际上就应该开始了。西方的人文教育与我们截然不同，更是与我们的"官二代""富二代"的家庭截然不同。杜鲁门的外孙一直到小学四年级的时候，才从课本上知道他的外祖父曾经是美国总统。他回家质问他的妈妈，你怎么从来没跟我讲过外祖父是总统？妈妈跟他解释，这没什么可讲的，每一个美国人，只要他对美国有一份责任感都可以去竞选总统。——权力的本质是责任，这是我们最缺乏的人文意识的解读。

人文教育更包括责任、信任、承诺等基本的价值判断。电影《闻香识女人》里面讲过这样一个故事：一名男高中生出身于清贫之家，就读一所重点中学，那里富家子弟很多。这个高中生在学校目睹了几位同学侮辱校长。事后，他被校方要求作为证人交代犯纪者的名字，若不说将会被开除，若说了将会被保送到耶鲁大学。这个高中生与这些同学又都有着一种友好关系，他答应过他们，那件事情对谁也不说，既不能告诉校方、老师，也不能告诉家长。他值得出卖同学以此换取自己的前途吗？这位高中生把苦恼讲述给了一位中校。后来，校方让几名同学坐在一起对质，所有的学生都坐在台下。正在这时，那位中校赶来了，他说，为什么校方不能启发犯错的同学自己承认呢？没人承认，这本身就已经说明了中学教育的失败。确实有人做了不对的事，而且不只一人，但就是没有一个学生有勇气站出来，这样的学校算什么美国一流的学校？对于校方而言，以极大的好处诱惑一个学生，无论他如何选择，要么会毁掉他的前途，要么会毁掉他的人格。以毁掉这样出色的青年作为手段，这样的教育何其失败！

类似的情节也出现在前苏联的一部电影《丑八怪》里：有两个小学生是很好的一对好朋友，其中一个是班干部，老师交给他一个任务，要密切关注他的好朋友在校外做了什么事。这位班干部发现，他的好朋友在校外吸烟，于是，立即汇报给了老师。他必须去汇报，只有去汇报，才能让那些师长认可他是好学生。汇报后，他的好朋友受到了友谊的伤害，而汇报者长大后心灵的煎熬也远不能结束。

羞辱校长、吸烟都是不好的，但即使这些明显的错误，当和人与人之间的信任、承诺等恒定信念发生"力"冲击的时候，人们都要面对一个如何对待的问题。在我们的国家，恐怕这些全都是可以简化的，也许根本就没必要讨论，因为答案非常明确：当然要汇报！向阿姨汇报，向老师汇报，向校方汇报。因为汇报了，肯定受到表扬，而受表扬永远是值得不考虑其他的。这种思想在大学，以及大学以外的地方潜移默化地让他们接受，而这，最应该得到的是全社会的人文反思。

（三）

信仰、承诺、友谊，这些很基本的人文价值，到底应该在哪个阶段完成？如何加强大学里的人文教育？这种问题本身就意味着一个非常功利的想法：希望找出一种方法普及人文，最好极快，最长也别超过三年五年就能见成效。事实是，人文教育肯定不能这么快地完成，这不是盖楼，也不是修路。

在西方，人文价值的普及用了二百多年，我们今天即使要尽快普及的话，也至少要再用和我们共和国的历史一样长的时间。我们现在讨论的只不过是用什么样的方法来缩短原来需要那么长时间来做的事情。

当然,只能是尽量地缩短。人文教育不仅仅是学校里的事情,更是全社会的责任。当社会问题积累得太多的时候,人文教育就会变得更加复杂和难以实施。构建和谐社会,前提是这个社会必须是一个良知社会。社会必须有一些最基本的,像铸石一样的价值观和原则来支撑住它。我们用人文的思想从小教育一个孩子,在他的成长过程中,使他成为良好的人,这是完全有可能的。但如果社会环境不配合,这个目标也是很难能实现的。"水门事件"后的尼克松最后向全体美国人道歉。由此我们会发现:在美国——全美国的公民,从大人到孩子都感觉在这个事件中,他们全部受到了伤害。是的,他们之所以不能原谅他们的总统,乃因总统极大地运用权力伤害了他们。

(四)

人文教育在当今中国,面临着技术主义、商业主义、官僚主义三个敌人。技术主义什么都要搞量化,可人文元素毕竟是最不能量化的思想元素。商业主义什么都要利益第一,而且要利益最大化,可"人文"偏偏不是以赚钱为首要目的之文化。官僚主义最瞧不起"人文",可它们最有权力决定"人文"的文化地位。这些人文教育的敌人,哪个都很厉害,哪个都很强势。与它们比起来,"人文"是很温软、很柔弱的文化品种。尽管如此,人文思想却是人类全部文化总和中最有价值、最核心的那一部分。少了这一部分的文化,轻言是次品质的文化,重言是垃圾文化。

商业文化是什么赚钱搞什么,不惜腐蚀人的心灵。前不久的相亲节目《非诚勿扰》,相关批评已经有了。电视台是国家公器,国家公器不体现人文文化思想是不对的,连娱乐节目也存在价值传播的问题。"我宁可坐在宝马里哭，也不坐在自行车上笑”，这其实是某些女孩子们真实的想法，是可以讨论的。但是，如果不是讨论而仅仅是表现，就会事与愿违。美国的商业文化也是无孔不入的。举个例子，有两个美国未成年的女孩境外贩毒，在国外被引渡回国。结果，刚一下飞机，所有的记者全都去了。许多文化公司跟她们签合同：出书的合同、拍电影的合同、专访的合同等等。这两个贩毒的女孩还没出机场，她们的身价都已经千万以上了。面对唯利是图的文化的骄横，知识分子首先会发出声音，特别是在法律没有明确规定的时候，知识分子就会站出来。美国的知识分子当时就纷纷站出来予以谴责了——而那些合同虽不违法，但等于作废了。西方有诸如《关于健全人格的“二十四不”》等图书，其中几条包括怎样看待金钱、怎样看待权力，而我们这里，这样的书是无人问津的，人人都觉得自己的人格很健全了。这些所谓“人格很健全”的人一听说有本书教人怎么变富，大家全都去买了，一听说有本书教人在官场上“厚黑”，也买之唯恐不及。

这如何是“健全的人格”？

官僚主义更多的现象是对“人文”文化的一种不以为然。或者口头上认可，但心性漠然，或者不愿支持，不愿付出。偶然有时候也觉得那是不能或缺的，但转而一想，这还是让别人去做吧。强势的官僚主义本能地嫌恶人文文化，从政治功利的角度来看，对于一个官员，人文文化往往不能成为政绩。相比而言，修了一条路，建了一处广场是那么清晰可见。娱乐文化至少还花钱营造了热闹，而人文文化却无热闹可言，故他们认为才不投入那“打水漂”的钱。原来的提法是“文艺搭台、经济唱戏”，就是这样一种非常功利的思维。文艺成了工具、台面，是种衬托，活脱脱一个打工者形象。我们还常说，下一步的社会和谐工作要把文化当做“抓手”。“抓手”是什么？就是门把手之类，随便抓一下做支撑。最近的提法是“文化软实力”，“软实力”也非常功利，去国外办一些孔子学院普及汉语，就体现实力了吗？姑且认为文化是一种“力”，我们现在要考虑的是如何体现这种“力”？如何使用这种“力”？是用这个“力”影响公民，让公民提高自己的意识，进一步监督政府把事情做好；还是用这个“力”来影响公民，使他们更加承认——百分之百地承认官员的权威？现在某些人对文化知识分子还是分派别，从前是分成左派和右派，右派的命运很不好。

…………

我们所面临的情况通常是这样——一个人如果具有某一方面专长，并且极其善于封闭内心真实思想，尤其是不谈现代人文思想见解的话，又尤其是，他还总是不失时机地一再地表示对现代人文思想之不屑的话，那么他被当成人才来培养和“造就”的几率就很大很大。特别是，他还多少有些文化，善于用中国古代封建思想家们的古代人文思想的絮片为盾，批判和抵制现代人文思想的话，那么“人才”简直非他莫属了。这样的人士我是很接触过一些的，他们骨子里其实也都是相当认可现代人文文化人文思想所传承的某些最基本的观念的，他们的表现往往是做假，但是假装所获得的好处又确实是不言而喻的。

反之，如果一个人不讳言自己是现代人文思想的信徒，那么他的“进步”命运亦相反，他很可能被视为“异类”，受到能力限制。

这是“中国人文文化恐惧症”。“化”之难也，唯其难，故当持久“化”之。

我们的下一代真是“小上帝”吗？

曾有一位外国朋友问我：“处在‘转型’期的中国人中，哪些人的心理负荷最大?”

我不加思考地回答:“首先当然应是政治局的成员们,中国这个斯芬克斯给他们出的难题太多。”

她又问:“其次呢?”

我说:“那就要数我们这一代人的儿女们了。”

她顿时“友邦惊诧”起来,困惑不解:“你们不是总发议论,认为你们的下一代简直就如同‘小皇帝’,一个个幸福得都快溺死在蜜罐子里了吗?”

我说:“那样的孩子是有的,但属极少数。中国还有相当多的孩子穷困得根本上不起学,所以我们才有‘希望工程’。相比之下,大都市里的孩子们的命运要强得多。但他们都像野兔,已经很快被分数这条极其凶猛的猎犬撵咬得疲于奔命,倒毙升学途中了!”

…………

在第五次“作代会”上,在我们中直代表组,有发言者声情俱哀地谈到——某位领导人的秘书出国访问归来,噩耗狰迎——儿子在模拟高考中成绩欠佳,已自杀身亡……

当然的,我们可以将不幸归结为这个孩子心理素质太脆弱……

我所在的海淀区,有一年重点高中的录取限数是1万多中学生,但有9万多的中学生报考重点高中。初中升重点高中的比例是一比九点七!比全国高中升大学的比例高三倍还多!

我的儿子所在的中学是海淀区的重点中学,本校初中升高中的平均分数线已提高到93分以上。预计这所区重点中学的中学生,在升高中的考试后,将被淘汰半数以上!平均93分乃是一个浮动的分数线,而淘汰比例却几乎是定死了的。水涨船高。届时如果考分普遍上扬,那么高中录取分数线也相应提高。可能由平均 93 分而 94 分而 95 分……

倘果而提高到了 95 分，那么，一名考生即使达到了平均 93 分的成绩，也注定了将被重点高中的校门所拒斥！谁能说初中考高中，平均 93 分还不算优异的成绩？这个地球上有比此初中升重点高中的平均分数线更高的分数线吗？它是体现在教育制度方面的“中国特色”之一种，是一个极其冷酷无情地摧残我们下一代身心的幽灵。

据我所知，北京另一个区的重点中学向学生们透露，低一分而交 8 万元，亦可考虑直接升入本校高中，竟有 200 余名家长，争先恐后向校方预交“加分抵押金”！

看来有钱的中国人家真的是多起来了。清贫的家庭，也就只得寄希望于儿女在初考校场上使出浑身解数搏杀的结果了……有天，我的儿子晚上 11 点半还没写完作业。我说：“儿子，算啦，睡吧！”他说：“爸，你别怜悯我！我们班有家远的同学，常 1 点多钟才能睡下。”而我们的这些孩子们，每天最迟早晨 6 点半便得起床。他们一到初二，就没有了双休日。初中升高中也罢，高中升大学也罢，题是一年比一年出得怪、出得刁、出得诈了！出题者们，分明的是将某些已与考试宗旨相背离的题当成“杀死”考生正常智力的“凶器”，以考生的“伤亡惨重”为能事、为荣事、为快事的。

因为，在中国，在目前，似乎只能以考生的“伤亡惨重”，来暂缓大学的“人满为患”。这是很无奈的事。吾国人口也多，下一代也众，尽管都已是独生子女。而近年来，这也发展，那也繁荣，我们又究竟多盖了几所高中？几所大学？或曰——考不上重点高中，家长和学生，就自行地泯灭了“大学梦”嘛！考“职高”嘛！全国真已有那么多“职高”了吗？

升大学，其实早已非是什么“望子成龙”的思想在作祟，而是为了儿女将来起码可以谋到一份职业，成家过日子，不必父母操心至死。

一个秃子头上明摆着的事实是——一个初中或高中毕业生，要找到一份工作，将是多难多难的事啊！

到工厂去当工人？

国有企业正在大裁员……

中国的这一教育窘况，据我看来，很快就会继“失业”问题之后，成为困扰中国的第二大问题。它直接就将体现为失业问题的一部分。而且将是潜在态势更咄咄逼人的一部分。因为，下一代的谋职无路，是比他们的父母辈“下岗”，更令他们沮丧的。这一种沮丧，也许会在他们太年轻的心中，氤氲成一片对时代对社会的悲观、不信任，乃至敌意。

摆了这么多，似乎有点儿危言耸听的意味。

良方何在？

据我看，目前没什么所谓良方。教委的官员们的头脑，并不比我辈愚笨。如果有好办法，他们早想出来了，早实施了。

唯一的办法恐怕也就是，也只能是——做家长的增强心理承受力。做儿女的也增强心理承受力。毕竟的，初考也罢，高考也罢，试卷面前人人平等。目前，在这个地球上，还没有比试卷面前人人平等更平等的方式。只不过中国的初考高考试卷是全世界最难的罢了。落榜的倒霉。被淘汰了得认命，有钱的你就以钱抵分，没钱的能借到钱的，你若愿为儿女负债累累你就借。连借都借不着的，求爷爷告奶奶，赶紧替儿女找到份儿他们好歹能挣钱好歹糊自己口的工作。儿女此时最需当父母的帮一把，这就叫为人父为人母的责任。为了尽到这个责任，哪怕将自尊剁碎了包装在礼品盒儿里去送人情，也是你完全应该的，也是值得的。也别有什么委屈，谁叫你做了父亲，做了母亲呢？早没听说过“可怜天下父母心”这句话吗？这也叫父慈母爱啊！此时为父不慈，为母不爱，枉为父母！

当然，还要让儿女明白，“马失前蹄不算倒”。何况小小年纪，不过是马驹子。从赛马场上遭淘汰了，未见得就难成为一匹将来能驮、能载、能吃苦能耐劳的壮马好马。这世界上古今中外自学成才的人不乏其数，这世界也非是只为有高等学历的人才构成的……

在目前的中国，对初考高考落榜的儿女言语呕呕斥责辱骂的父母，是最没体恤心的父母，是最不人道的父母，是可憎的父母！

国家的问题分而化之，均摊到具体的家庭，由具体的个人们，靠了增强的心理承受力承受，靠了坚忍的意志力背负，恐怕是目前，也是今后一个时期的方式。

这是一种看似解决了，而实际上危机与日俱增的方式。因而，不可由国家认为是长久的方式。倘国家真的这么认为，国家和民族，终将会遭报应的。国家对此窘况，难道真的就一点作为也没有了吗？答曰：否！大力提倡、鼓励和支持创办“职高”，这国家已在做着了。开拓就业市场——这是前提的前提、根本的根本。否则，“职高”毕业了又到哪儿去？

及早制定“累积税收制”——先富起来的一部分人，有义务向国家多纳税。否则，这国家曾给予他们那么多优惠政策和先富起来的优先机会，为的又是什么？

严密控制国有资产的流失。有意或无意的流失，流向国外，流向个人腰包，是对中国下几代人无赦的犯罪。据国有资产管理局的友人告诉我，至今为止，国有资产流失的总数，可兴建近百所高等院校！再有，就是少开些会吧！尤其少开那些隆隆重重地走巨大过场的会！一次会就是一所重点中学！少开几次会中国亡不了的。中国，为了我们的下一代，你这并不富有的国家，该节省的地方，节省一点吧！国家经济实力，也体现在拥有高等院校的总数的多少。国民素质的提高，也体现在受高等教育的人数占总人口的百分之多少，这是我们都清楚的一般性常识。我们的儿女这一代，其实是命运注定，在劫难逃了。我们只能祈祷还我们的孙儿孙女辈以美好的青少年岁月！而不要他们在终于挤入了大学校门后，去读他们本该是孩子们时才读的安徒生童话和格林童话！

论大学精神

我曾在《光明日报》发表过两篇文章，《论教育是诗性的事业》在先，《论大学》在后，两篇文章都是我成为北京语言大学教师之后写的。关于大学精神的一点点思索，不管是多么的浅薄，其实已经由两篇文章载毕。那么，今天听汇报的一点点看法，也就只能算是浅薄者的补充发言。浅薄者总是经常有补充发言的，这一种冲动使浅薄者或有摆脱浅薄的可能。

我在决定调入大学之前，恰有几位朋友从大学里调出，他们善意地劝我要“三思而行”，并言——“晓声，万不可对大学持太过理想的幻感。”

而我的回答是——我早已告别理想主义。《告别理想主义》是我 50 岁以后发表的一篇小文，曾以为，告别了理想主义，我一定会活得潇洒起来，可事实却并没有。于是每想到雨果，想到托尔斯泰。雨果终其一生，一直是一位特别理想的人道主义者。《九三年》证明，晚年的雨果，尤其是一位理想的人道主义者。而托尔斯泰，也一生都是一位特别理想的平等主义者。现在我郑重地说——六十多岁的我，要重新拥抱理想主义。我认为，无论对于自己的人生还是对于自己的国家还是对于全人类社会，泯灭了甚而完全丧失了理想，那么一种活法其实是并无什么快意的。我这么认为是有切身体会的，故我接着要说——我愿大学是使人对自己、对国家，对人类的社会形成理想的所在。无此前提，所谓“大学精神”无以附着。1917 年 1 月 9 日，北京大学举行开学典礼，蔡元培先生发表著名的《就任北京大学校长之演说》；现若重读其演说，他对大学的理想主义情怀依然感人。

蔡先生在演说中对那时的北大学子寄以厚望，既希望北大学子砥砺德行，又希望北大学子改造社会。

他说：“诸君为大学学生，地位甚高，肩此重任，责无旁贷，故诸君不惟思所以感已，更必有心励人……”

现在的情况与 1917 年很不相同。

那时，蔡先生对大学的定义是“大学者，研究高深之学问者也”。

若以本科生而论，恕我直言，包括北大学子在内，似乎应是——大学者，通过颁发毕业文凭，诚实地证明从业能力的所在而已。

故我对“大学精神”的第二种看法是——要建立在现实主义的基础上来说道。

连大学都不讲一点儿理想，那还能到一个国家的哪儿去觅理想的踪影呢？倘若一国之人对自己的国家连点理想都不寄望着了，那不是很可悲吗？

如果连大学都回避现实问题种种，包括大学生就业难的问题在内，那么还到一个国家的哪儿去听关于现实的真声音呢？若大学学子渐渐地都只不过将大学视为逃避现实压力的避风港，那么大学与从前脚夫们风雪之夜投宿的大车店是没什么区别的了。

又要恪守理想，又要强调现实，岂非自相矛盾吗？

我的回答是——当今之大学，尤其是像中国这样一个人口众多，每年有数以百万计的大学学子跨出校园迈向社会的大学，其实是在为国家培养一批批思想意识上不普通，而又绝不以过普通的生活为耻的人。可现在的情况似乎恰恰反了过来，受过高等教育于是以过普通生活为耻的人很多，受过高等教育而思想意识与此前相比并未发生多大改变的人也很多。

如此说来，似乎是大学出了问题。

否。

我认为，一个家庭供读一名大学生，一个青年用人生最宝贵的四年乃至更长的时间就读于大学，尤其是像北大这样的大学——于是要求人生不普通一些，是完全可以理解的。社会成全他们的诉求，也是“以人为本”的体现。

在中国，普通人的生活之所以竟被视为沮丧的生活，乃是因为普通人的生活实在还是太过吃力的生活。要扭转这一点，对于一个国家而言也是很吃力的，绝非一日之功可毕。要扭转这一点，大学是有责任和使命的。然江河蒸发，尔后云始布雨，间接而已。若仰仗大学提高 GDP，肯定是错误的理念。大学若不能正面地、正确地解惑大学学子之尴尬，大学本身必亦面临尴尬。

然大学一向是能够解惑人类许多尴尬的地方，大学精神于是在此过程中逐渐形成。人类之登月渴望一向停留在梦想时期，是谓尴尬。梦想变为现实，是大学培养出来的人们的功劳，也是大学的功劳。大学精神于是树立焉，曰“科学探索精神”。人类一向祈求一种相互制衡的权力关系，历经挫折也是尴尬。后在某些国家以某种体制稳定了下来，也是大学培养出来的人们的功劳，也是大学的功劳，曰“政治思想力”。

十几年前，我随中国电影家代表团访日，主人们请我们去一小餐馆用餐，只五十几平米的营业面积而已，主食面条而已。然四十岁左右的店主夫妇，气质良好，彬彬有礼且不卑不亢。经介绍，丈夫是早稻田大学历史学博士，妻子是东京大学文学硕士。他们跨出大学校门那一年，是日本高学历者就业难的一年。

我问他们开餐馆的感想，答曰：“感激大学母校，使我们与日本许多开小餐馆的人们不同。”问何以不同？笑未答。临辞，夫妇二人赠我等中国人他们所著的书，并言那只是他们出版的几种书中的一种。其书是研究日本民族精神演变的，可谓具有“高深学问”的价值。一所大学出了胡适，自然是大学之荣光。胡适有傅斯年那样的学生，自然是教师的荣光。但若运拙时艰，从大学跨出的学子竟能像那对日本夫妇一样的话，窃以为亦可欣慰了。当然，我这里主要指的是中文学子。比之于其他学科，中文能力最应是一种难以限制的能力。中文与大学精神的关系也最为密切。大学精神，说到底，文化精神耳。最后，我借雨果的三句话表达我对大学精神的当下理解：

“平等的第一步是公正。”

“改革意识，是一种道德意识。”

“进步，才是人应该有的现象。”

如斯，亦即我所言之思想意识上的不普通者也……

贵贱论

人类社会一向需要法的禁束，权的治理。既有权的现象存在，便有权贵者族存在，古今中外，一向如此。权大于法，权贵者便超越惩处，既不但因权而在地位上贵，亦因权而在人权上贵，是为人上人。或者，只能由权大者监察权小者，权小者监察权微者。凌驾于权贵者之上的，曰帝、曰皇、曰王。中国古代，将他们比做“真龙天子”。既是“龙”，下代则属“龙子龙孙”。“龙子龙孙”们，受庇于帝者王者的福荫，也是超越社会惩处的人上人。既曰“天子”，出言即法、即律、即令，无敢违者，无敢抗者。违乃罪，抗乃逆，逆乃大罪，曰逆臣、曰逆民。不仅中国古代如此，外国亦如此。法在人类社会渐渐形成以后相当漫长的一个历史时期内，仍如此，中国古代的法曾明文规定“刑不上大夫”。“刑不上大夫”不是说法不惩处他们，而仅仅是强调不必用刑拷之。毕竟，这是中国的古法对知识分子最开恩的一面。外国的古法中明文规定贵族可以不缴一切税，贵族可以合理、合法地掳了穷人的妻女去抵穷人欠他们的债，占有之是天经地义的。

但是自从人类社会发展到文明的近现代，权大于法的现象越来越式微了。法高于权的理念越来越成为共识。法律面前人人平等，于是权贵者之贵不复以往。将高官乃至将首相总统推上被告席，早已是司空见惯之事。法律的权威性，使“权贵”一词与从前比有了变化。人可因权而殊，比如可以入住豪宅，可以拥有专机、卫队，但却不能因权而贵。要求多多，比一般人更需时时提醒自己——千万别触犯法律。

法保护权者殊，限制权者贵。

所以美国总统们的就职演说，千言万语总是化做一句话，那就是——承蒙信赖，我将竭诚为美国效劳！而为国效劳，其实也就是"为人民服务"的意思。所以日本的前首相铃木善幸就任前回答记者道："我的感觉仿佛是应征入伍。"

因权而贵，在当代法制和民主程度越来越高的国家里已经不太可能，这将被视为文明倒退的现象。因权而殊，也要付出相应的代价，其中一项就是几乎没有隐私可言。因权而殊，不仅殊在权力待遇方面，也殊在几乎没有隐私可言一点上。其实，向权力代理人提供特殊的生活待遇，也体现着一个国家和它的人民，对于所信托的某一权力本身的重视程度，并体现着人民对某一权力本身的评估意识。故每每以法案的方式确定着。其确定往往证明这样的意义——某一权力的重要性，值得它的代理人获得那一相应的待遇，只要它的代理人同时确乎是值得信赖的。

林肯坚决反对因权而贵。在他任总统后，也时常生气地拒绝因权而殊的待遇。他去了解民情和讲演时，甚至不愿带警卫，结果他不幸被他的政敌们所雇的杀手暗杀。甘地在被拥戴为印度人民的领袖以后，仍居草屋，并在草屋里办公，接待外宾。他是人类现代史上太特殊的一例，他是一位理想的权力圣洁主义者，一位心甘情愿的权力殉道主义者。像他那么意识高尚的人也难免有敌人，他同样死在敌人的子弹之下。他死后被泰戈尔称颂为"圣雄"。

无论因权而殊者，还是受权而不受殊者，只要他是竭诚为人民服务的，人民都将爱戴他。但他们的因权而殊，是不可以殊到人民允许以外去的，更是不可以殊及家人及亲属的。因为后者并非人民的权力信托人。

因贫而“贱”是人类最无奈的现象，人类的某一部分是断不该因贫而被视为“贱”类的。但在从前，他们确曾被权贵者、富贵者们蔑称为“贱民”过。我们现在所论的，非他们的人格，而是他们的生存状态。如果他们缺衣少食，如果他们居住环境肮脏，如果他们的子女因穷困而不能受到正常的教育，如果他们生了病而不能得到医疗，如果他们想有一份工作却差不多是妄想，那么，他们的生存状况，确乎便是“贱”的了。我们这样说，是仅取“贱”字中“低等”的含意。

处在低等生活状态中的民众，他们作为人的尊严却断不可以便被论为低等。恰恰相反，比如雨果笔下的冉·阿让，他的心灵，比权贵者高贵，比富贵者高贵。

权贵者、富贵者与“贱民”们遭遇的“情节”，历史上多次发生过。那是人类社会黑暗时期的黑暗现象。“高马达官厌酒肉，此辈杼柚茅茨空”是黑暗的、丑陋的、不公正的人类现象。

“朱门酒肉臭，路有冻死骨”同样是。

一以权贵而比照贫“贱”，一以富贵而比照贫“贱”。萧伯纳说：“不幸的是，穷困给穷人带来的痛苦，一点也不比它给社会带来的痛苦少。”

限制权贵是比较容易的。人类社会在这方面已经做得卓有成效。消除穷困却要难很多，中国在这方面任重而道远。

约翰逊说：“所有证明穷困并非罪恶的理由，恰恰明显地表明穷困是一种罪恶。”

穷困是国家的溃疡。有能力的人们，为消除中国的穷困现象而努力呀！

富贵是幸运，富者并非皆不仁。因富则善，因善而仁，因仁而德贵者不乏其人。他们中有人已被著书而传诵，已被立碑而纪念。那是他们理应获得的敬意。

相反的现象也不应回避——富贵者或由于贪婪，或由于梦想兼而权贵起来，于是以富媚权，傍权不仁，傍权丧德。此时富贵者反而最卑贱，比如《金瓶梅》中的西门庆去贿相府时，就一反富贵者的常态而很卑贱。同样，受贿的权贵斯时嘴脸也难免卑贱。

全部人类道德的最高标准非其他，而是人道。凡在人道方面堪称榜样的人，都是高贵的人。故我认为，辛德勒是高贵的。不管他真否曾是什么间谍，他已然高贵无疑了。舍一己之生命而拯救众人的人，是高贵的。抗洪抢险中之中国的军人，是高贵的。英国前王妃戴安娜安抚非洲灾民，以自己的足去步雷区，表明她反战立场的行为，是高贵的。南丁格尔也是高贵的。马丁·路德·金为了他的主张所进行的政治实践，同样是高贵的。废除黑奴制的林肯当然有一颗高贵的心。中国教育事业的开拓者陶行知也有一颗高贵的心。人类历史文化中有许多高贵的人，高贵的人不必是圣人，不是圣人一点也不影响他们是高贵的人。有一个错误一直在人类的较普遍的意识中存在着，那就是以权、以富、以出身和门第而论高贵。

文明的社会不是导引人人都成为圣人的社会。恰恰相反，文明的社会是尽量成全人人都活得自然而又自由的社会，文明的社会也是人心低贱的现象很少的社会。人心只有保持对于高贵的崇敬，才能自觉地防止它趋利而躬而鄙而劣，一言以蔽之，而低贱。我们的心保持对于高贵的永远的崇敬，并不至于便使我们活得不自然而又不自由。事实上，人心欣赏高贵恰是自然的，反之是不自然的、病态的。事实上，活得自由的人首先是心情愉快的人。

《悲惨世界》中的沙威是活得不自然的人，也是活得不自由的人。他在人性方面不自然，他在人道方面不自由。故他无愉快之时，他的脸和目光总是阴的。他是被高贵比死的，是的，没人逼他，他只不过是被高贵比死的。

贵与“贱”是相对立的。在社会表征上相对立，在文明理念上相平等；在某些时候，在某些情况下，则相反。那是贵者赖其贵的表征受检验的时候和情况下，那是“贱”者有机会证明自己心灵本色和品质本色的时候和情况下。权贵相对于贫“贱”应贵在责任和使命，富贵相对于贫“贱”应贵在同情和仁爱。贫“贱”的现象相对于卑贱的行为是不应受歧视的，卑贱相对于高贵更显其卑贱。

有资格尊贵的人在权贵和富贵者面前倘巴结逢迎不择手段、不遗余力，那就是低贱了。低贱并非源于自卑。因为自卑者其实本能地避权贵者避富贵者，甚至，也避尊贵者。自卑者唯独不避高贵，因为高贵是存在于外表和服装后面的。高贵是朴素的、平易的，甚至以极普通的方式存在，比如《悲惨世界》中“掩护”了冉·阿让一次的那位慈祥的老神父。自卑者的心相当敏感，他们靠了自己的敏感嗅辨高贵。当然自卑而极端也会在人心中生出邪恶，那时人连善意地帮助自己的人也会嫉恨，那时善不得善报。低贱是拿自尊去换利益和实惠时的行为表现，低贱着不以为耻反以为荣，那就简直是下贱了。

贫“贱”是存在于大地上的问题，所以在大地上就可以逐步解决。

卑贱、低贱、下贱之“贱”都是不必用引号的，因为都是真贱。真贱是存在于人心里的问题，也是只能靠自己去解决的问题。

贫富论

苏格拉底、亚里士多德、奥古斯丁、莎士比亚、培根、爱迪生、林肯、萧伯纳、卢梭、黑格尔、马克思、罗斯金、罗素、梭罗……古今中外，几乎一切思想者都思考过贫与富的问题。以上所列是外国的。至于吾国，不但更多，而且最能概括他们立场和观点的某些言论，千百年来，早已为国人所熟知，不提也罢。

他们都是受命于人类的愿望进行思想的。

从前思想，乃因构成世界上的财富的东西种类欠丰，数量也不充足，必然产生分配和占有的矛盾；现在思想，乃因贫富问题，依然是世界上最敏感的问题——尽管财富的种类空前丰富了，数量空前充足了……

这世界上政治的、经济的、军事的、外交的，以及改朝换代的大事件，一半左右与贫富问题相关。有时表面看来无关，归根结底还是有关的。那些大事件皆由背景因素酝酿，阶级与阶级、国家与国家、民族与民族之间的贫富问题常是幕后锣鼓，事件主题。贫富悬殊是造成动荡不安的飓风，经济现象是形成那飓风的气候。从前那飓风往往掀起暴乱和革命，就像灾难席卷之后发生瘟疫一样自然而然，合乎规律。

从前处于贫穷之境无望无助的一部分人类，需要比克服灾难和瘟疫大得多的理性，才能克服揭竿而起的冲动。从前"调查"贫富悬殊的是仇恨，现在是经济水平。在动荡不安的年代连宗教也无法保持其只负责人类灵魂问题的立场，或成为可利用的旗帜，或成为被利用的旗帜。比如太平军起义，比如十字军“东征”。

一个阶层富到了它认为可以的程度，几乎必然产生由其代表人物主宰一个国家长久命运的野心。——那野心是它的放心。一个国家富到了它认为可以的程度，几乎必然产生由其元首主宰世界长久命运的野心。——那野心也是它的放心。符合着这样的一种逻辑——能做的，则敢做。

第一次世界大战以前的世界史满是如此这般的血腥的章节。

第一次世界大战的结束其实不是由胜败来决定的，是由卷入大战之诸国的经济问题决定的。诸国严重的经济虚症频频报警，结束大战对诸国都是明智的。

第二次世界大战的起因尤其是世界性的贫富问题引起的，这一点体现于德日两国最为典型，英美当时的富强使它们既羡慕又自卑。对于德日两国，在最短的时间里最快地富强起来的“方式”只有一种——在它们想来只有一种，那是一种凶恶的“方式”。它们凶恶地选择了。

希特勒信誓旦旦地向德国保证，几年内使每户德国人家至少拥有一辆小汽车；东条英机则以中国东北广袤肥沃的土地、无边无际的森林以及丰富的地下资源诱惑日本父母，为了日本将自己的儿子送往军队……

海湾战争是贫富之战，占世界最大份额的石油蕴藏在科威特的领土之下，在伊拉克看来是不公平的……

巴以战争说到底也是民族与民族的贫富之战。对巴勒斯坦而言，没有一个像样的国都便没有民族富强的出头之日；对以色列，耶路撒冷既是精神财富，也是将不断升值的有形财富……

柏林墙的倒塌，韩朝的握手，不仅证明着统一的人类愿望毕竟强烈于分裂的歧见，而且证明着希望富强的无可比拟的说服力……

台湾不再言“反攻大陆”，乃因大陆日渐昌盛，“反攻”只能被当成痴人说梦……

克林顿在任时的支持率始终不减，乃因他是使美国经济增长指数连年平稳上升的总统……

欧盟之所以一直存在，并且活动频频，还发行了统一的欧元，乃因它们认为——在胜者通吃的世界经济新态势前，要在贫富这架国际天平上保持住第二等级国的往昔地位，只有联盟起来才能给自己的信心充气……

阿尔诺德曾说过这样的话：“几乎没有人像现在大多数英国人持有这么坚定的信念，即我们的国家以其充足的财富证明了她的伟大和她的福利精神。”

但狄更斯这位英国作家和萧伯纳这位英国戏剧家笔下的英国可不像阿尔诺德说的那样。

历史告诉我们，“日不落帝国”曾经的富强，与它武力的殖民扩张有直接的因果关系。

阿尔诺德所说的那一种“坚定的信念”，似乎更成了美国人的美国信念而不是英国人的英国信念。美国今日的富强是一枚由投机和荣耀组合成的徽章。从前它靠的是军火，后来它靠的是科技。

一个国家在它的内部相对公平地解决了或解决着贫富问题，它就会日益地在国际上显示出它的富强。哪怕它的先天资源不足以使其富，但是它起码不会因此而继续贫穷下去。

中国便是这样的一个例子。中国改革开放的最显著的成果，不是终于也和别国一样产生了多少富豪，而是各个城市里都在大面积地拆除溃疡一般的贫民区。中国只不过是一个正在解决着贫穷人口问题的国家，否则它根本没有在世界面前夸耀什么的资本，正如一位子女众多的母亲，仅仅给其中的一两个穿上漂亮的衣裳而且炫示于人，那么其虚荣是可笑的。贫富的问题一旦从国际谈到国家内部，先哲们不但态度和观点相左，有时甚至水火相克势不两立。耶稣对一位富人说："你若愿意做仁德之人，可去变卖你所有的财富分给穷人。"否则呢，耶稣又说："骆驼穿过针眼，比财主进上帝的国门还容易呢。"

耶稣的话代表着古代的人对贫富问题的一种愿望，是一个温和的愿望。比之一部分人类后来在发展生产力以消除贫穷现象方面的成就，那是一个简单又懒惰的愿望。

人类的贫穷是天然而古老的问题。因为人类走出森林住进山洞的时候，一点也不比其他动物富有。一部分人类的富有靠的是人类总体的生产力的提高，全人类解决贫穷现象还要靠此点。靠富人的仁德解决不了这一点。苏格拉底是多么伟大的思想家啊！可是他告诉他的学生阿德曼托斯，当一个工匠富了以后，他的技艺必大大退化。他并以此说明富人多了对人类社会发展的危害，他的学生当时没有完全接受他的思想，然而也没有反对。

但事实是，一个工匠富了以后，可以开办技艺学校、技艺工厂，生产出更多更好的产品。那些产品吸引和提高着人们的消费，甚至可引领消费时尚。人们为了买得起那些产品，必得在自己的行业中加倍工作……人类社会基本上是按这一经济的规律发展的。因而我们有根据认为苏格拉底错了……最著名的古典神学者阿奎那不但赞成苏格拉底，而且比苏氏的看法更激烈，他说："追求财富的欲望是全部罪恶的总根源。"如果人类的大多数真的至今这么认为，那么比尔·盖茨当被烧死 100 次了。

但是财富和权力一样，当被某一个人几乎无限地垄断时，即使那人对财富所持的思想无可指责，构成其现象的合法性也还是会引起普遍的不安，深受怀疑。

普通的美国人自然不可能同意阿奎那的神学布道，但是连明智的美国也要限制“微软”的发展。幸而美国对此早有预见，美国法律已为限制留下了依据。

比尔·盖茨其实是无辜的，“微软”其实也没有什么“罪恶”。是合法的“游戏规则”导演出了罕见的经济奇迹，而那奇迹有可能反过来破坏“游戏规则”。

美国限制的是美国式的奇迹本身。凡奇迹都有非正常性。一个国家的成熟的理性正体现在这里。培根不是神学权威，但睿智的培根在财富问题上却与阿奎那“英雄所见略同”。连他也说：“致富之术很多，其中大多数是卑污的。”一个中国富豪积累人民币的过程，就今天看来，其正派的程度，肯定比一个美国人积累美元的过程可疑得多。

任过美国总统的约翰逊说：“所有证明贫困并非罪恶的理由，恰恰明显地表明贫困是一种罪恶。”

萧伯纳在他的《巴巴拉少校》的序中则这样说：“穷对一个人意味着什么呢？意味着让他虚弱，让他无知，让他成为疾病的中心，让他成为丑陋的展品，肮脏的典型，让他们的住所使城市到处是贫民窟，让他们的女儿把花柳病传染给健康的小伙子，让他们的儿子使国家的男子汉变得有瘰症而无尊严，变得胆怯、虚伪、愚昧、残酷，具有一切因压抑和营养不良所生的后果……不论其他任何现象都可以得到上帝的宽容，但人类的贫穷现象是不能被宽容的。”

而黑格尔的一番话也等于是萧伯纳的话的注脚。他说：“当广大群众的生活低到一定水平——作为社会成员必须的自然而然得到调整的水平——之下，从而丧失了自食其力这种正常和自尊的感情时，就会产生贱民。而贱民之产生同时使不平均的财富更容易集中在少数人手中……”

他还说：“贫困自身并不使人必然地成为贱民。贱民只是决定于与贫困为伍的情绪。即决定于对富人，对社会，对政府等等的内心反抗。此外，与这种情绪相联系的是，由于依赖偶然性，人变得轻佻放浪、嫌恶劳动。这样一来，在他们中便产生了恶习，不以自食其力为荣，而以恳求乞讨为生并作为自己的‘特权’。没有一个人能对自然界主张权力。但是在社会状态中，怎样解决贫困问题，当然是贫困者人群有理由对国家和政府主张的权力……”怎样回答他们呢？林肯1864年在《答美国纽约工人联合会》中说：“一些人注定的富有将表明其他人也可能富有。这种个人希望过好生活的愿望，在合法的前提之下，必对我们的事业产生巨大的推动力。”

在一切不合法的致富方式和谋略中，赎买权力或与权力相勾结对社会所产生的坏影响是最恶劣的。

这种坏影响虽然在中国正遭到打击，但仍表现为相当泛滥的现象。

它使我想到，若林肯是今天的中国总统，究竟有多少贫穷的中国人会相信他那番话？

我个人的贫富观点是这样的——我承认财富可以使人生变得舒服，但绝不认为财富可以使人生变得优良。一个瘦小的秃顶的老头儿或一个其貌不扬的男人娶了一位如花似玉的娇妻，那必在很大程度上是财富“做媒”。他内心里是否真的确信自己所拥有的幸福，八成是值得怀疑的。对她亦如此，财富可以帮助人实现许多欲望，却难以保证每一种实现了的欲望的质量。

当然，我也绝非那种持轻蔑财富的观点的人。我一向冷静地轻蔑一切关于贫穷的“好处”的言论。威廉·詹姆士说：“赞美贫穷的歌应该再度大胆地唱起来。我们真的越发地害怕贫穷了，我们蔑视那些选择贫穷来净化和挽救其内心世界的人。然而他们是高尚的，我们是低贱的。”我觉得他的话即使真诚也是虚假的。我不认为他所推崇的那样一些人士全都是高尚的。不太相信贫穷是他们情愿选择的。尤其是，不能同意贫穷有助于人“净化和挽救其内心世界”的观点。我对世界的看法是，与富足相比，贫穷更容易使人性情恶劣，更容易使人的内心世界变得黑暗，而且充满沮丧和憎恨。

我这么认为一点儿也不觉得我精神上低贱，中国从古至今便有不少鼓吹贫穷的“好”处的“文化”，最虚假可笑的一则“故事”大约是东汉时期的，讲两名同窗学子锄地，一个发现了一块金子，捡起一块石头似的抛于身后，口中自言自语：“肮脏的东西！”而另一个却如获至宝揣入怀中……这则“故事”的褒贬是分明的。中国之文人文化的一种病态的传统，便是传播着对金钱的病态的态度。

但是我们又知道，中国之文人，一向的对于自身清贫的自哀自怜以及呻吟也最多。倘居然还未大获同情和敬意，便美化甚至诗化了清贫以自恋。

而我，则一定要学那个遭贬的揣起了金子的人。倘我的黄金拥有量业已多到了无处放的程度，起码可以送给梦想拥有一块黄金的人。一块金子足可使一户人家度日数年啊！

何况，古代文人的“唯有读书高”，最终还不是为了仕途吗？所谓“仕途人生”，还不是向往着服官装、住豪宅、出马入轿、唤奴使婢、享受俸禄吗？俸禄又是什么呢，金银而已。我更喜欢《聊斋志异》里那一则关于金子的故事，讲的也是书生夜读，有女鬼以色挑之，书生识破其伎俩，厉言斥去。遂以大锭之金诱之，掷于窗外……

明智的人，总不能拿身家性命换一夜之欢、一金之财啊。

但若非是女鬼，或虽是，信其意善，则另当别论了。比如我，便人也要、金也要，还是不觉得自己低贱。但我对财富的愿望是实际的，我希望我的收入永远比我的支出高一些，而我的支出与我的消费欲成正比；而我的消费欲与时尚、虚荣、奢靡不发生关系。

不知从哪一年代开始，我们中国人，惯以饮食的标准来衡量生活水平的高低。仿佛嘴上不亏，便是人生的大福。

我认为对于一个民族，这是很令人高兴不起来的标准。

我觉得就人而言，居住条件才是首要的生活标准。因为贪馋口福，只不过使人脑满肠肥，血压高，脂肪肝，肥胖。看看我们周围吧，年轻的胖子不是太多了吗？

而居住条件的宽敞明亮或拥挤、低矮、阴暗潮湿，却直接关系到人的精神状态的优劣。

我曾经对儿子说——普通人的生活值得热爱。也许人生最细致的那些幸福，往往体现在普通人的生活情节里。

一对年轻人大学毕业了，不久相爱而结婚了。以他们共同的收入，贷款买下 70 平米居住面积的商品房并非天方夜谭，以后 10 年内他们还清贷款也并非白日做梦。之后他们有剩余的钱为他们自己和儿女买各种保险。再之后他们退休了，有一笔积蓄，不但够他们养老，还可每年旅游一次。再再以后，他们双双进入养老院，并且骄傲于不是靠慈善机构的资助……

这便是我所言的普通人的人生。

它用公式来表示就是——居住面积70平方米的住房＋共同的月收入X元。

我知道，在中国，这种“普通人”的人生对百分之九十的当代青年还是可望而不可及的事。但毕竟的，对百分之十左右的青年，已非梦想。

什么时候百分之十的当代青年已实现了的生活，变成百分之九十的当代青年可以实现的生活，中国就算真的富强了。

贫富之话题也就是多余的话题了……

三等智商

现今有种说法：一等智商者经商，二等智商者从政，三等智商者才从文。“文”的经济基础，在“倒爷”们之下；“文”的社会地位，在“政府官员”之下，因此某些干部子女，便经商，便从政。“三等智商”的，便往什么电影制片厂啦，电视台啦，以及其他与“文学艺术”有关的单位或部门挤。果有“文学艺术”才华的，自当别论。并无“文学艺术”细胞的，岂非授柄于人，传诟于世吗？且“文”假以权，权佐以“文”，结果必然是“文”腐蚀了权，权亵渎了“文”。那才是悲夫哉！

我顶讨厌文学艺术领域内现今种种假权势而压“文”、而欺“文”的风气，动辄“这个电影剧本某某领导同志看过，给予肯定了”，“这个电视剧本某某领导同志非常欣赏”，“这篇小说某某领导希望发表并配合评论”。文学艺术的圈子里，也真真有些俗不可耐之人。某某领导“看过了”，“给予肯定”了又怎样？某某领导“非常欣赏”又怎样？某某领导的“希望”便一定要“照办”吗？某某领导究竟是“领导”，还是文学艺术工作者？你是市长，我是公民，公民该尽哪些公民义务，我听你的。我是编辑，你是市长，市长写电影剧本，或写小说、写诗、写话剧什么的，对不起，你听我的。这才对劲，否则，不大对劲。这叫“社会分工不同”，应该彼此尊重彼此的分工——也是我们的老祖宗马克思所设想的共产主义的社会原则之一。

肉麻的，太肉麻的……

这真是一种令人沮丧的现实——当代之中国女性，一旦知识化了，很多一部分，也便同时“准贵族化”了，变成了些个“包法利夫人”式的女人，这就使敬爱女性的男人们，面对这一种知识女性质量平庸的现实，不但沮丧，而且几乎无话可说，只有沉默了。

大约是两年前，我到北京某大学去讲文学，回来有学生会的女干部送我。途中不知怎么，谈起了南方某地香港资本家开的一个工厂，由于对女工实行奴役式“管理”——下班搜身（防止女工从车间偷出玩具产品），上班铁门加锁（防止女工上班时间内去厕所），致使八十余名打工妹丧命火灾，惨状种种，触目惊心。绝大多数活活烧死在铁门内，铁门上的锁，锁住了她们唯一的一条生路……

那学生会的女干部却说：“中国很大，天灾人祸在所难免。”

我问：“同是女人，你就不悲悯她们？”

答曰：“中国女人很多，缺乏知识的，也就只配做打工妹。既做打工妹，也就只能认命。”

那一种超然的口吻中，真的是毫无悲悯，有的仅只是对自己幸运地跻身于“知识女性”的矜傲，以及对无知识的同性姐妹们之命运的漠视……

富婆、款姐、靓妹、明星、“白领丽人”、漂亮买办……翻开今日之报刊看看，哪一期少得了有关她们的内容？从她们的衣食住行到她们那点子所谓隐私和绯闻，当然还包括她们的“官司”，经常的你抄我，我转你，连篇累牍，不厌其烦，不厌其详——倘统计一下便可得出结论：绝大多数出自于“知识化”了的当代女性的手笔。也就是某些女编辑、女记者的手笔。没有“知识”，端的就能当上编辑记者吗？而她们的行文，又往往透出股子掩饰也掩饰不了的俗秽之气。

人家姐，除夕之夜，一高兴，就放了5万多元的鞭炮！陶醉在自己挣来的幸福之中……

我问她——从艺海而下商海，感觉如何？是否很累？她在电话里一笑——感觉好极啦！一点儿都不累，轻松得很。比如炒地皮吧，挺高的价，凭我是著名女演员，一接触，价格就降下来了。经商对我来说是件又容易又快活的事儿！瞧人家活的潇洒劲儿！

她凭着自己的美貌，先是给某港商当秘书，后来那港商爱她爱得没法儿，于是和妻子离了婚，于是她成了亿万富翁宠爱备至的太太。从此不但过上了美满的生活，而且实现了自己做成功的女企业家的梦想……

以上几段，都是我平素读报阅刊时有心抄录下来的。不知我这篇小文的读者们，包括百分之九十五以上的，身为寻常命寻常人的女读者们，读了会有何感想？反正我现在又重抄录之时，顿觉那一股子谄媚、取悦、羡慕、心向往之、大有“同性恋”倾向的俗秽之气，直冲肺脾，若不克制着，怕就要喷呕于纸了……

年三十晚上放5万多元的鞭炮就值得一名“知识女性”那般的艳羡不已？富婆或者富姐的“幸福”的自我陶醉，就真的那么值得一名“知识女性”也跟着陶醉了似的？

靠一张脸子的姿色从炒地皮中赚几把“暴利”，谈得上是什么正儿八经的“经商”？怎么凭她一张脸，地价就可以降下来？还不是慷国家之慨、集体之慨？掰开了揉碎了说，还不是权色交易之一种？与靠“诚实的劳动先富起来”完完全全是两码子事，也与靠兢兢业业的奋斗取得事业的成功有着本质的区别。

至于凭了美貌投抱于富翁的女人，无论是变成了太太还是姨太太还是贴身丫环或偏房小妾，借此而实现了某类女人种种梦想和夙愿自不待言，但也是不必强加给百分之九十五以上的现今的中国女性们充什么楷模的。姑且不论值不值得标榜了似乎希望女人们去学习，首先就根本没有百分之九十五以上的中国女性可以照着去做的前提！中国的“知识化”了的女性一而再、再而三地向自己的同性姐妹们兜售和炒卖这些个“女性文化”的边角料做甚？

我曾不止一次地也是不厌其烦地对到过我家的女编辑、女记者、女专题节目制作人们坦诚相谈：“你们让我发表点与女性话题有关的言论，这当然是看得起我。但我偶尔关注的，乃是百分之九十五以上的当代中国女性的物质和文化的文明的状态，包括精神的和心理的状态。对于那些富婆、款姐、靓妹、‘白领丽人’、这个‘星’那个‘星’一类的女人们，我是根本不予关注的。并且我认为，一名中国的知识女性，如果她自诩关注女性问题，首先也应该关注自己那百分之九十五的姐妹们的总体时代命运嬗变，好的方面的嬗变或者不好的方面的嬗变。”

我尤其对那些身为各级妇联主办的报刊的女编辑、女记者们坦诚相谈:“作为女人,你可以专去结交那些仅仅靠了女人的天姿而幸运而成功的女性。但作为编辑、记者,你应该意识到你其实是半个女性问题工作者、思想者、调查研究者,干嘛偏不去关注自己的百分之九十五以上的同性姐妹?干嘛偏漠视她们的存在?干嘛不为她们的总体的时代命运的改善尽一点儿职业义务和责任?干嘛眼睛非像长了钩子似的,专盯着那百分之五不到的女人们的生活形态发生兴趣,干嘛非要从她们的生活形态中东一把西一把抓出些其实顶没意义也没意思的鸡零狗碎浪费笔墨?长此以往,不但在观念的意识的导向上误自己的同性姐妹们,而且也误己。将大好的年华和有限的精力去做极少数中国当代丽人们的过分热衷的广告人,那点儿出息总归是有限的,也枉是中国当代之‘知识女性’了!”

她们中,有些听了我的劝告,已转而去关注自己的百分之九十五以上的姐妹们了,并且从后者们的庞大无比的群体命运中,很是发现了些有意义有价值的事情可做。

也有些一听我的劝告就紧蹙蛾眉,倒好像我企图诱导她们去堕落似的。我也只有当自己是对牛弹琴了一通。

“知识女性”和女“知识分子”,显然是极不相同的两个概念。

每年都从全国的大学里派生出前者们,却只能从众多的前者们之中派生出极少的后者们。

前者们往往更加对一切与女性的时髦相关的事物发生浓厚兴趣。因为她们往往自以为有了“知识”,便拥有了尤其要享受时髦的特权。中国妇女的总体时代命运的改善,真的不能寄希望于她们。她们对她们的同性姐妹们的关注,远不及那些温爱中国女性的男人们,义务感和责任感也远不及他们。我下这一种结论是多少有一些根据的——我曾统计过一九九四年内的几种妇女刊物，其中为中国当代女性群体权利和权益大声疾呼，将关注之视角直接聚焦在大多数中国女性命运现状方面的有质量的文章，十之七八竟出于男人们的手笔。而十之七八的“知识女性”们不可救药地迷津在百分之五不到的这些幸运的女人们身上，体现出棒打不回头的“追星族”或“同性恋”心态。由她们而氤氲成一片的大文化帷盖下的小文化风景，与其说是什么“女性文化”之一部分，莫如说是对于严肃的有阅读价值的女性文化的不良浸淫、消弥和伤害。她们身为女性，却仿佛无性。她们意识不到或者意识到了也不承认，她们其实是以某些男性的眼光去盯视百分之五不到的女人们。婢女取悦于女主子或男人垂涎于婢女，往往都是那么一种目光。而她们又并不情愿将目光望向自己的百分之九十五以上的同性姐妹。她们对后者们既没有男人对女人们的温爱，更没有女人对女人们的悲悯。对多数男人们她们是不可能受尊敬的女人。对多数女人们她们是不可能被亲近被信赖的女人。

看来仅仅“知识化”未必就会使女性在精神品格上自立自强；正如仅仅富起来未必就会使男人成为文明人。

然而女“知识分子”的确是在派生着，从一批又一批一代又一代的“知识女性”中派生着。为数很少，淘汰率很高。中国女性的总体之时代命运的嬗变，首先依赖于她们的代言的义务感和责任感。对于百分之九十五以上的中国女性，她们是她们的“青鸟”。她们将百分之九十五以上的中国女性的总体时代命运之典型特征，时常剖析给百分之九十五以上的姐妹们自己看，热忱地唤醒着她们的权利意识和积极的健康的性别意识，同时剖析给百分之九十五以上的男人们看。并且，以她们的虔诚的良知，感染百分之五的中国男人以及百分之五的中国女人，亦即成为大款、富翁乃至富豪的男人，和幸运的、最有机会接近并受宠于金钱和权利的女人们看，影响他们和她们至少付出一些爱心和仁慈。

中国当代并不缺少男文化人和女文化人，并不缺少“知识女性”或“知识男性”，起码不像缺少起码的社会良知、社会道义、社会责任感和使命感那么紧迫地缺少。但却十分紧迫非常紧迫地缺少真正意义上的“知识分子”，尤其缺少真正意义上的女“知识分子”。

这一些中国女性们的“青鸟”啊！我将我的大的敬意，一个当代中国男人的大的敬意，由衷地奉予她们！中国普通女性的当代命运之种种真实现状，将在极大程度上，依赖于她们关注、揭示、解说，至于形形色色的所谓“知识女性”，亦即些个因为有了“知识”便希望附着于百分之五不到的女人们身上而终不可能，又不情愿接近自己的百分之九十五以上的同性姐妹的当代小女人，我见得多了。她们从来都只不过是时代的闪烁发光的边角料，正如玻璃厂里的玻璃渣子也闪烁发光一样……

传统文化断想

当下，“弘扬传统文化”一说，似乎方兴未艾。

窃以为，“传统”一词，未尝不也是时间的概念——意指“从前的”。而“从前的”，自然在“过去”里。“过去”并没过去，仍多少地影响着现在，是谓“传统”。又依我想来，“传统文化”无非就是从前的文化。从前的文化中，有精华，也有糟粕。倡导“弘扬传统文化”者，自然是指从前的文化中的精华，这是不消说的。然而“文化”是多么广大的概念呀，几乎包罗万象，故不同的两个人甚或几个人都在谈论着文化，却可能是在谈论完全不同的两码事。

我自然是拥护弘扬优良的传统文化的。但我同时觉得，对于外国的文化包括西方的文化，“拿来主义”依然值得奉行，我这里指的当然是他们的优良的文化。我不赞成以“传统文化”为盾，抵挡别国文化的影响。我认为这一种“守势”的文化心理，也许恰恰是文化自卑感的一种反映。

“弘扬传统文化”也罢，“拿来主义”也罢，还不是因为我们对自己文化的当下品质不甚满意吗？弘扬传统文化，能否有利于提升我们自己的文化的当下品质呢？答案是肯定的——能。能否解决我们自己的文化的当下一切品质问题呢？答案是否定的——不能。我们说传统文化博大精深，几乎包罗万象；但也就是几乎而已，并不真的包罗万象。

以电影为例，这是传统文化中没涉及的。以励志电影为例，这是我们当下国产电影中极少有的品种，有也不佳。但励志，对于当下之中国，肯定是需要着力弘扬的一种精神。

一方面，我们需要；另一方面，我们自己产生的极少，偶见水平也并不高——那么，除了“拿来”，还有另外的什么法子呢？“拿来”并不等于干脆放弃了自己产生的能动性。“拿来”的多了，对自己产生的能动性是一种刺激。而这一种刺激，对我国“励志电影”的水平是很有益的促进。

《幸福来临之际》——这是一部美国的励志电影，由黑人明星所演。片中没有美女，没有性，没有爱情，没有血腥、暴力和大场面等商业片一向的元素。它所表现的只不过是一位黑人父亲带着他的学龄前儿子，终日为最低的生存保障四处奔波，每每走投无路的困境以及他对人生转机所持的不泯的百折不挠的进取信念罢了。然而它在全美去年的票房排行榜上名列前茅，使某些商业大片对它的票房竞争力不敢小觑。

然而我们的电影机构却不知为什么并没有引进这样一部优秀的电影。我们引进的眼似乎一向是瞄着外国尤其美国的商业大片的，并且那引进的刺激作用，或曰结果，国人都是看到了的。人家明明不仅只有商业大片，还有别种电影，我们视而不见似的，还"惊呼"美国商业大片几乎占领了中国电影院线，这是不是有点儿强词夺理呢？

我想，怎么分析这样一种文化心理才对，是犯不着非从古代思想家那儿去找答案的，更犯不着非回过头去找什么药方。非那么去找也是瞎忙活，问题出在我们当代中国人自己的头脑里。我们当代中国人患的究竟是一种什么样的文化病，还是要由我们当代中国人自己来诊断，自己来开药方的好。

话又说回来，引进了《幸福来临之际》又如何？在美国票房排行名列前茅，在中国就必然也名列前茅吗？恐怕未必。

那么另一个问题随之产生了——我们中国人看电影的心理怎么了？是由于我们普遍的中国人看电影的眼怎么了，我们的引进电影的眼才怎么了吗？或者恰恰反过来，是由于我们引进电影的眼怎么了，我们普遍的中国人看电影的眼才怎么了吗？

我想，只归咎于两方面中的哪一方面都是偏激的，有失公正的。于是我想到了我们古代的思想名著《中庸》。我将《中庸》又翻了一遍，却没能寻找到能令我满意的答案。这使我更加确信，"包罗万象"只不过是形容之词。

面对当下，传统是很局限的。孔孟之道真的不是解决当下中国问题，哪怕仅仅是文化问题的万应灵丹。

顺便又从《论语》中找，仍未找到，却发现了一段孔子和子贡的对话——"子贡欲去告朔之饩羊。子曰：'赐也，尔爱其羊，我爱其礼。'"

礼,我亦爱也。似乎,国人皆爱。但是如果今天有许多人以爱礼为冠冕堂皇的理由,主张重兴祭庙古风,而且每祭必须宰杀活禽活畜,则我肯定是坚决反对的。我倒宁肯学子贡,“告朔之饩羊”。吾国人口也众,平常变着法儿吃它们已吃得够多了,大可不必再为爱的什么“礼”,而又加刃于禽畜。论及礼,尤其是现代的礼,我以为还是以不杀生不见血的仪式为能接受。

我啰嗦以上的一些话,绝不意味着我对传统文化有什么排斥,更不意味着我对古代思想家们心怀不敬。

我认为,如果我们觉得我们对于传统文化理应采取亲和的态度,那么我们首先应该从最普通的也最寻常的角度去接近之、理解之。如果我们觉得对于古代思想家们应满怀敬意,那么我们应该学习他们以思想着为快乐的人生观,而不可太过懒惰,将“我思故我在”这一句话,变成了“你(替我)思故我在”。

“父亲节”有媒体采访我,非要我谈谈对于“父爱”的体会。我拗不过,最后只得坦率讲出我的看法,那就是——我认为我们的传媒近年来关于“父爱”“母爱”的讨论,一向是有显然误区的。仿佛在我们中国人这儿,父爱仅仅是指父亲对儿女的爱,母爱当然也仅仅是母亲对儿女的爱,不能说不对。但是太不全面,不完满,不是父爱和母爱的全内涵。一味地如此这般地讨论下去,结果每每无形中导致儿女辈习惯于仅仅以审视的眼光来看父母。以父比父,以母比母,越比似乎越觉得父爱和母爱在自己这儿委实的“多乎哉,不多也”。

而我们的古人在诠释父爱和母爱方面,却比我们当代人要“人文”得多。父亲、母亲、亲人的这一个“亲”字,在古代是写作“親”的,加了一个“见”字,意味深长。“见”在古文中,与“视”是有区别的。在古文中,“视”

乃动词，指“看”。“见”是指看的结果。“亲”字加上一个“见”字，是要通过文字提醒人们——父亲对你的爱，母亲对你的爱，你要看在眼里。视而不见，心灵里也就不会有什么反应。心灵里没有反应，父之“亲”也罢，母之“亲”也罢，亲人之“亲”也罢，也就全都等于虚无。虚无了，父爱也罢，母爱也罢，爱之再深再切，最终岂不还是应了那么一句话——“你爱我，与我何干？”

记者听得云里雾里，不甚了了。

我就只得又举了一个事例——我曾对我所教的大三学子们进行期末考试，出了几道当堂写作题，其中一题是《雨》，允许写景，也可以叙事。写景者多，叙事者少。而一位来自农村的女生的写作，给我留下极深印象。她的父亲是菜农。天大旱，菜地急需浇灌。父亲万般无奈之下，只得花了100元雇人用抽水机抽水。钱也付了，地也浇了，老天爷却骤降大雨。钱是白花了，力气是白费了。女儿隔窗望着瓢泼大雨中身材瘦小的父亲拉着铁锨，仰面朝天一动不动的样子，知道父亲心疼的不是力气，而是那转眼间白花了的100元钱。100元钱等于父亲要摘下满满一手推车豆角，而且要推到二十几里外的集市上去，而且要全部卖掉。

女儿顿时联想到了父亲曾对她说过的一番话：“女儿，你千万不要为上大学的学费犯愁，你就全心全意地为高考努力吧。钱不是问题，有爸爸呢！”

于是女儿冲出家门，跑到父亲那儿，拉着父亲的一只手，拽着父亲跑回了家里，接着用干毛巾给父亲擦头发，擦雨泪混流的脸；再接着，赶紧替父亲找出一身干衣服……

女儿偎在父亲怀里低声说：“爸，我是那么爱你……”

而那一位父亲，终于笑了。在我看来，这才是完满的父爱。

对于那一个女儿，此时此刻的父亲，实在是更值得写成"父亲"的。而对于那一位父亲，父爱不仅是付出，同时也是获得。

我当然并不是想要鼓吹繁体字。我只不过认为，如果我们真的要弘扬传统文化，其实很多时候不必大兴土木，劳民伤财。"我思，故传统在。"难以从传统里激活古为今用的，并且确实是我们的社会所急需的文化，我还是坚持那样的观点——"拿来主义"依然可行。

我在班上读了那名女生的作文，全班听得很肃静。我从那一种肃静中感觉到，引起了不少同学的共鸣。于是我更加明白——文化之对于人心的影响，首先是好坏之分。过分强调"我们的""他们的"，是当质疑的文化思想。好比我教的那名女生，倘是外国留学生，我也要给她高分，也要在全班讲读……

仅靠文化的反省不能抚平大众的愤怒。时下，民间和网上流行着一句话——羡慕嫉妒恨，往往从电视中也能听到这句话。

依我想来，此言只是半句话。大约因那后半句有些恐怖，顾及形象之人不愿由自己的嘴说出来。倘竟在电视里说了，若非直播，必定是会删去的。

后半句话应是——憎恨产生杀人的意念。确实令人身上发冷的话吧？我也断不至于在电视里说的。不吉祥，不和谐。写在纸上，印在书里，传播方式局限，恐怖"缩水"，故自以为无妨掰开了揉碎了与读者讨论。

羡慕、嫉妒、恨——在我看来，这三者的关系，犹如水汽、积雨云和雷电的关系。

人的羡慕心理，像水在日晒下蒸发水汽一样自然。从未羡慕别人的人是极少极少的，或者是高僧大德及圣贤，或者是不自然不正常的人。

羡慕到嫉妒的异变，是人大脑里发生了不良的化学反应。说不良，首先是指对他者开始心生嫉妒的人，往往是经历了心理痛苦的。那是一种折磨，文学作品中常形容为“像耗子啃心”。同时也是指被嫉妒的他者处境堪忧。倘被暗暗嫉妒却浑然不知，处境大不妙也。此时嫉妒者的意识宇宙仿佛形成着浓厚的积雨云了。而积雨云是带强大电荷的云，它随时可能产生闪电，接着霹雳骤响，下起倾盆大雨，夹着冰雹。想想吧，如果闪电、霹雳、大雨、冰雹全都是对着一个人发威的，而那人措手不及，下场将会多么的悲惨！

但羡慕并不必然升级为嫉妒。

正如水汽上升并不必然形成积雨云。水汽如果在上升的过程中遇到了风，风会将水汽吹散，使它聚不成积雨云。接连的好天气晴空万里，阳光明媚，也会使水汽在上升的过程中蒸发掉，还是形不成积雨云。

那么，当羡慕在人的意识宇宙中将要形成嫉妒的积雨云时，什么是使之终究没有形成的风或阳光呢？

文化。——除了文化，还能是别的吗？

一个人的思想修养完全可以使自己对他者的羡慕止于羡慕，并消解于羡慕，而不在自己内心里变异为嫉妒。

一个人的思想修养是文化现象。

文化可以使一个人那样，也可以使一些人，许许多多的人那样。

但文化之风不可能临时招之即来。文化之风不是鼓风机吹出的那种风，文化之风对人的意识的影响是逐渐的。当一个社会普遍视嫉妒为人性劣点，祛妒之文化便蔚然成风。蔚然成风即无处不在，自然亦在人心。

劝一个人放弃嫉妒，这也是一种文化现象。劝一个人放弃嫉妒非是那么简单容易的事,没有点正面文化的储备难以成功。起码,得比嫉妒的人有些足以祛妒的文化。莫扎特常遭到一位宫廷乐师的强烈嫉妒,劝那么有文化的嫉妒者须具有比其更高的文化修养,而那位宫廷乐师无幸遇到那样一位善劝者,所以其心遭受嫉妒这只"耗子"的啃咬半生之久,直至莫扎特死了,他才获得了解脱,但没过几天他也一命呜呼了。

文化确能祛除嫉妒,但文化不能祛除一切人的嫉妒。正如风和阳光,不能吹散天空的每一堆积雨云。

美国南北战争时期,一名北军将领由于嫉妒另一位将领的军中威望,三天两头向林肯告对方的刁状。无奈的林肯终于想出了一个主意,某日对那名因妒而怒火中烧的将军说:"请你将那个使你如此愤怒的家伙的一切劣行都写给我看,丝毫也别放过,让我们来共同诅咒他。"

那家伙以为林肯成了自己同一战壕的战友,于是其后连续向总统呈交信件式檄文,每封信都满是攻讦和辱骂,而林肯看后,每请他到办公室,与他同骂。十几封信后,那名将军省悟了,不再写那样的信,他羞愧地向总统认错,并很快就动身到前线去了,还与自己的嫉妒对象配合得亲密无间了。

省悟也罢,羞愧也罢,说到底还是人心里的文化现象。那名将军能省悟,且羞愧,证明他的心不是一块石,而是心宇,所以才有文化之风和阳光。否则,林肯的高招将完全等同于对牛弹琴,甚至以怀化铁。但毕竟,林肯的做法,起到了一种智慧的文化方式的作用。

苏联音乐家协会某副主席,因嫉妒一位音乐家,也曾不断向勃列日涅夫告刁状。勃氏了解那无非是些鸡毛蒜皮的积怨,反感其滋扰,于是召见他,不动声色地说:"你的痛苦理应得到同情,我决定将你调到作家协会去!"——那人听罢,立即跪了下去,着急地说自己的痛苦还不算太大，完全能够克服痛苦继续留在音协工作……因为，作家协会人际关系极为紧张复杂。

勃氏的方法，没什么文化成分，主要体现为权力解决法。而且，由于心有嫌恶，还体现为阴招。但也很奏效，那音协副主席以后再也不滋扰他了。然效果却不甚理想，因为嫉妒仍存在于那位的心里，并没有获得一点点释放，更没有被"风"吹走，亦没被"阳光"蒸发掉。而嫉妒在此种情况之下，通常总是注定会变为恨的——那位音协副主席同志不久疯了，成了精神病院的长住患者，他的疯语之一是："我非杀了他不可！"

一个人的嫉妒一旦在心里形成了"积雨云"，那也还是有可能通过文化的"风"和"阳光"使之化为乌有的。只不过，善劝者定要对那人有足够的了解，制定显示大智慧的方法。而且，在嫉妒者心目中，善劝者须是被信任受尊敬的。

那么，嫉妒业已在一些人心里形成了"积雨云"将又如何呢？

文化之"风"和"阳光"仍能证明自己潜移默化的作用。但既潜移默化，当然便要假以时日了。

若嫉妒在许许多多成千上万的人心里形成了"积雨云"呢？

果而如此，文化即使再自觉，恐怕也力有不逮了。

成堆成堆的积雨云凝聚于天空，自然的风已无法将之吹散，只能将之吹走。但积雨云未散，电闪雷鸣注定要发生的，滂沱大雨和冰雹也总之是要下的。只不过不在此时此地，便在彼时彼地罢了。但也不是毫无办法了——最后的办法乃是向"积雨云"层发射驱云弹。而足够庞大的"积雨云"层即使被驱云弹炸散了，那也是一时的。往往上午炸开，下午又聚拢了，复遮天复蔽日了。

将以上自然界积雨云之现象比喻人类的社会，那么发射驱云弹便已不是什么文化的化解方法，而是非常手段了，如同是催泪弹、高压水龙或真枪实弹……

将“嫉妒”二字换成“郁闷”一词，以上每一行字之间的逻辑是成立的。

郁闷、愤懑、愤怒、怒火中烧——郁闷在人心中形成情绪“积雨云”的过程，无非耳耳。

郁闷是完全可以靠了文化的“风”和“阳光”来将之化解的，不论对于一个人的郁闷，还是成千上万人的郁闷。

但要看那造成人心郁闷的主因是什么。倘属自然灾难造成的，文化之“风”和“阳光”的作用一向是万应灵丹，并且一向无可取代。但若由于显然的社会不公、官吏腐败、政府无能造成的，则文化之“风”便须是劲吹的罡风，先对起因予以扫荡。而文化之“阳光”，也须是强烈的光，将一切阴暗角落一切丑恶行径暴露在光天化日之下。文化须有此种勇气，若无，以为仅靠了提供娱乐和营造暖意便足以化解民间成堆的郁闷，那是一种文化幻想。文化一旦开始这样自欺地进行幻想，便是异化的开始。异化了的文化，只能使事情变得更糟——因为它靠了粉饰太平而遮蔽真相，遮蔽真相便等于制造假象。也不能不制造假象。

那么，郁闷开始在假象中自然而然变向愤懑。

当愤懑成为愤怒时——情绪“积雨云”形成了。如果是千千万万人心里的愤怒，那么便是大堆大堆的“积雨云”在社会上空形成了。

此时，文化便只有望“怒”兴叹，徒唤奈何了。不论对于一个人一些人许许多多千千万万的人，由愤怒而怒不可遏而怒从心头起，恶向胆边生，往往是迅变过程，使文化来不及发挥理性作为。那么，便只有政治来采取非常手段予以解决了——斯时已不能用“化解”一词，唯有用“解决”

二字了。众所周知，那方式，无非是向社会上空的“积雨云”发射“驱云弹”……

相对于社会情绪，文化有时体现为体恤、同情及抚慰；有时体现为批评和谴责；有时体现为闪耀理性之光的疏导；有时甚至也体现为振聋发聩的当头棒喝……但就是不能起到威慑作用。

正派的文化，也是从不对人民大众凶相毕露的。因为它洞察并明了，民众之所以由郁闷而愤懑而终于怒不可遏，那一定是社会本身积弊不改所导致。

集体的怒不可遏是郁闷的转折点。

而愤怒爆发之时，亦正是愤怒开始衰减之刻。正如电闪雷鸣一旦显现，狂风暴雨冰雹洪灾一旦发作，便意味着积雨云的能量终于释放了。于是，一切都将过去，都必然过去，不过时间长短罢了。

在大众情绪转折之前，文化一向发挥其守望社会稳定的自觉性。这一种自觉性是有前提的，即文化感觉到社会本身是在尽量匡正着种种积弊和陋制的；政治是在注意地倾听文化之预警的。反之，文化的希望也会随大众的希望一起破灭为失望，于是会一起郁闷，一起愤怒，更于是体现为推波助澜的能量。

在大众情绪转折之后，文化也一向发挥其抚平社会伤口、呼唤社会稳定的自觉性。但也有前提，便是全社会首先是政治亦在自觉地或较自觉地反省错误。文化往往先行反省。但文化的反省，从来没有能够代替过政治本身的反省。

文化却从不曾在民众之郁闷变异为愤怒而且怒不可遏的转折之际发生过什么遏止作用。那是文化做不到的。正如炸药的闪光业已显现，再神勇的拆弹部队也无法遏止强大气浪的膨胀。

文化对社会伤痛的记忆远比一般人心要长久，这正是一般人心的缺点，也是文化的优点。文化靠了这种不一般的记忆向社会提供反思的思想力。阻止文化保留此种记忆，文化于是也有对文化人本人的包容方面。包容头脑中存在有“异质”文化思想的文化人固然是难能可贵的进步。但同样包容在某些人士看来有“异质”品相的文化本身更为重要。

反观1949年以后的中国，分明可以看到这样的情况——从前，哪怕仅仅几年没有什么政治的运动，文化都会抓住机遇，自觉而迫切地生长具有人文元素的枝叶，这是令后人起敬意的。

不能说当下的中国文化及文艺一团糟、一无是处。这不符合起码的事实。但我认为，似乎也不能说当下的中国文化是最好的时期。

我们当下某些文艺门类不要说人文元素少之又少，连当下人间的些微烟火也难以见到了。真烟火尤其难以见到。

倘最应该经常呈现人间烟火的艺术门类恰恰最稀有人间烟火，全然地不接地气，一味在社会天空的“积雨云”堆间放飞五彩缤纷的好看风筝，那么几乎就真的等于玩艺术了。

是以忧虑。

论文化在政治之上

文化在政治之上，原本是无须论的。中国之改革开放，终将验证这样一种规律——成也文化，败也文化；若功亏一篑而不可持续，教训也肯定归于文化。说到底,何谓"科学发展观"?有文化的发展观而已。文化当然也体现于政治之中,但绝不仅仅是附着在政治这张皮上的毛。

文化在政治之上,匪今斯今,振古如兹。没有文化的人类,根本就不可能产生一切关于政治的思想。没有进步的文化,也根本不可能有什么进步的政治。

政治是文化这棵树上的果子。

如果良好的文化思想、文化气息能够在社会的方方面面发挥影响,并充分体现,那么这样的社会无疑会是良好的社会;文化学者将这样的社会定义为"良知社会"。如果反过来,政治意识形态无限膨胀,企图占领和统治社会的各个层面,每一处空间,而文化被逼退到了边缘,那么这种社会自然叫"政治社会"。

文化的社会是自然的,政治的社会是不自然的。文化倘若被变成由政治所长期左右的某种"东西",是文化的悲哀。悲哀的文化不能提升民族精神和灵魂,不能使一个民族真正有力量。有多么自信的文化,才有多么自信的政治,文化禁锢是政治极其不自信的表现。只有与政治平等的文化,并在平等的前提下受政治尊重的文化,才能培植优秀的文化知识分子族群,才能形成有思想力的文化。当然,这里所言之"文化",不仅是供人欣赏的所谓"优雅文艺",或满足人娱乐的所谓"通俗文艺"。文化从来就和思想连在一起。丧失了思想力的文化,根本不能成为推动社会进步的先进文化力量;丧失了思想力的文化,是次品质的文化。

文化有其本能性、商业性和自觉性。

其本能性即满足人们娱乐快感的属性。谢天谢地,这一种属性,我们的当下文化不但有,而且还日渐的蔚然成风,发扬光大。但文化的本能性,只不过是文化的原始属性,是原始人都喜闻乐见的文化属性。

文化的商业性即逐利性，或曰为金钱而冲动的文化。诸位都已看到，这样的文化现象，几乎满目皆是。其大多数，或者无价值观可言，或者其价值观大成问题。比如欣赏阴谋手段，讴歌皇权的文化，价值观便大成问题。

文化的自觉性，即对一个国家一个民族的精神提升和灵魂塑造的责任感、使命感。此种文化，将客观地梳理一个国家一个民族的历史；尽量还原历史事件的真相；尽量公允地评价历史人物；尽量深刻地剖析自己国家的历史错误以警后人。也将正视社会现实，具有忧患意识地呈现社会问题，揭示社会矛盾，义无反顾地批判种种假、丑、恶之社会病态。当然，同时会用温暖来慰藉众多沮丧的、疲惫的、冷感的、迷惘的人心。

自觉的文化，是将以上功能全面发挥的文化，而不是明智地，甚至犬儒主义地逃避现实的文化。

不能说我们完全没有自觉的文化。

但是，是不是太少太少太少了呢？

几乎稍有头脑的人都看得分明，我们的当代史、近代史，被一段一段遮蔽甚或干脆抹去了，变得七零八碎面目模糊；我们的现实被不惜成本地粉饰了；我们这个焦虑不安的时代被几乎已经令人讨厌的歌舞升平所包装了；我们的下一代变得有点儿傻兮兮的了——怎么全民族仿佛对这么一种几乎没有自觉性可言的文化，竟没了半点儿不适感呢？

仅仅抱怨文化知识分子是不公平的。

如果将蚂蚁放在烟灰缸里，当它们向外爬时便用烟头烫它们的话，几次之后，便都不往外爬了，甘于只在烟灰缸里活动了。并且，会通过化学分泌物互相传播信息，达成不往外爬的潜规则——烟灰缸规则。

我认为，我们的文化，正受着这么一种不良的规则所限制。如此一种文化，几乎只能提供娱乐，几乎只能以商业目的为目的。自身品质萎缩，又怎么能够化一个民族的精神和灵魂呢？

看我们现在说假话的现象多么普遍！人们多么习以为常，以至于我们经常感到，能说真话的空间越来越小了。以至于人们听到哪一位官员说了一句比较性情的，比较发乎真心的话，我们常会对其好感倍增。

现在的世界看中国人，有一种印象是——主张"和为贵"的只不过是中国的古人。中国的当下文化中仍充满人与人斗、其乐无穷的内容，似乎中国人不"窝里斗"就不是中国人了。

现在的世界看中国人，还有一种印象是——中国"不差钱"，仿佛许多中国人在外国人眼里都是山西煤老板了。

许多原因给他们那种印象。

文化原因是原因之一。

这么一种文化，怎么与世界接轨？怎么向世界展现魅力和亲和力？

我们不能总指望杂技、京剧和所谓原生态少数民族歌舞充当文化使者，加上孔子学院也不行。

世界了解一个国家，主要还是看这个国家的当下文化是怎么反映当下现实的？是诚实地反映还是不诚实地反映？总体上不能自由地同时诚实地表现思想力的文化知识分子，是很难被外国同行瞧得起的。如果外国人不能由衷地瞧得起某一国家的知识分子，那么也就决然不能瞧得起某一国家的当代文化。那么，即使这个国家财大气粗，也还是难以真的获得尊重。这是某一国家的文化悲哀。而同样悲哀的，也是某一国家的政治。

我们不应该让那种包袱一代一代地压在我们身上。

我们应该明白——禁锢手段是消极的文化理念。

在漫长的六十余年中，文化与政治的真正关系一直没处理好；政治一直被理所当然地供奉于文化之上，文化一直只不过被视为政治的“附属品”，更有时仅仅被当成足可为政治“服务”一下的工具。并且，可悲的是，为数不少的文化知识分子自己，也早已渐渐习惯了“文化在政治之下”的文化观。

“文化”概念，从来大也。

“人文伊始，文化天下。”“化天下”之“文”，既可理解为文明，亦可理解为文化。文化的终极概念，其实便是文明。文明的核心概念，其实便是文化。

统治当然也是政治。

但再高级的统治，本质上也还是初级的或曰低级的政治。封建统治漫长的国家之所以会背上历史的包袱，乃因它在初级的或曰低级的国家形态中被浸淫得太久太久，结果国民的心智被一代一代地弱化了进而愚化了。

政治是一个近代的概念。

封建统治是不配被言做政治的，高级的也不配。

从统治到政治，是一个经文化所“化”的过程。革命是文化“化”不了之时的暴烈的社会现象。说到底，革命亦是文化影响下的行动，革命理论是特殊而极端的文化。

统治一向只利用文化。即使好的文化，久被利用，也便不可避免地滑向自己的反面。

政治也是分好坏的。好的政治并不一味利用文化，而是能够与好的文化相结合，变自身为文化了的政治。

文化了的政治，是自觉并善于将人类之好的文化主张，落实为社会原则的一种政治。故这一种政治的宗旨，是不需要靠一大套一大套的所谓“理论”来诠释的。

迄今为止，世界上的政治之所以显出仍极复杂的现状，盖因这些人与那些人，这些民族与那些民族，这些国家与那些国家的利益之争。在这些问题上，文化“化”一个国家已经很难，“化”整个世界自然力不从心，最终还是要靠政治来“化”。但这并不意味着文化只不过是空谈，而唯有政治才是实际的。因为一个事实乃是，“化”利益之争“化”得好的政治，所遵循的恰恰是文化早在人类的古代就指出过的方向。而凡“化”得不好的政治，皆是违背那一方向的。或虽然也做出遵循的样子，但实际上却以利益集团之利益为最重要，不愿真的使社会朝那一方向进步。这种时候，政治对文化采取的往往是“叶公好龙”的态度，它会使文化尽其所能地工具化和娱乐化，却想方设法对文化之思想力实行遮蔽、剔除的策略。但这分明是不可持续之事。因为丧失了思想元素的文化是次品质的文化；而文化有一种自觉性，那就是绝不会长久甘于在次品质的层面存在……

古人云：“治天下者，当用天下之心为心。”苏轼由是进一步说：“力可以得天下，不可以得匹夫匹妇之心。”还说：“天下者非君有也，天下使君主耳。”朱熹说：“国以民为本，社稷亦为民而立。”欧阳修说：“不苟一时之誉，思为利于无穷。”杜甫说：“莫取金汤固，长令宇宙新。”《三国志·魏书》有言：“民者，国之根也。诚宜重其食，爱其命。”以上皆“政”“治”语也，但首先是人文思想。若从政治的思想中抽去人文思想，政治就只剩下了权谋和治术；这样的政治是肮脏的。而从文化的思想中抽去政治的内容，它还是那么丰富，那么足以使人类温暖，那么源远流长。

从《乌尔纳姆法典》到《汉谟拉比法典》到《人权宣言》《独立宣言》，文化思想力的火炬始终照耀着人类的发展进程。而好的政治思想，同时也丰富了文化思想。

在从前，在中国，在许多政治人士那儿，许多事都被强调为“政治仗”。政治泛化再泛化，膨化再膨化，企图占领每一个人的每一寸生存空间包括脑空间。

政治一经泛化，必庸俗化。

庸俗化的政治无异于伪宗教。

在这种情况下，文化本应与人类具有的亲近关系遂被离间。而在这样的国里，是既不可能有什么先进文化，也不可能有什么先进的国民的。从梁启超到鲁迅，都曾对于被愚化的国民表达过悲愤的忧患。

一个事实越来越分明——30年前那一次被解放的思想力成果，显然接近耗尽。并且某些在当时看来不无可取之处的思想，由于被奉成万应灵丹，现在却已结出了劣果……

文化尚未成功，政治仍需努力。

为自己办一所大学

现在，全中国的大学都在有计划地而又尽量地扩招，更有新的大学在兴办着。确乎的，有机会读大学的下一代，人数比例是快速地增加了。

但是，不少在别人们看来很幸运地考上了大学的学子们，往往一年两年读下来，随之对他们的大学感到了失望。除了名牌大学和热门专业的学子们状态良好，那一种失望是较普遍的。他们在被形容为“金色年华”的六年的时间里，连续经历三次中国特色的升学考试。而那六年从人的心理年龄上讲，是本不该经历那么严峻的“事件”的。真的，他们所经历的三次考试，无论对于他们自己，还是对于家长们，难道还不算是严峻的“事件”吗？他们原本以为，终于考上了大学，终于可以在经历了三次严峻的“事件”之后喘息一下了，可是大学里的学业更加繁重，要学四十几门之多，连星期六和星期日还要加课。

普遍的家长们有着这样的一种观点——我们已经尽我们的能力使你们无忧无虑了，你们要做好的事情只有一桩，那就是学习。而学习是多么愉快之事啊，你们怎么还水深火热似的呢？

看来，这未免是太局外人的疑问了。

某件事的性质无论对人是多么有益的，当它的进行时成了一种超负荷的过程时，它对人的性质往往会倾斜向反面。即使它的性质原本是诗性的，其诗性也会不同程度地被抵消掉。

大学的课程真的需要四十几门之多吗？

这四十几门之多的课程，究竟是在以学生为中心的教育理念之下确定了的，还是太多地考虑到了其他的因素？

这四十几门之多的课程，真的反而有利于专业的精深吗？

是不是课程的门类越多，便越体现着综合素质的培养呢？

若论综合素质的培养，则我以为，普遍的大学里最薄弱的环节，薄弱得几乎被忽视的环节，反而是人文思想教育的方面了。

而大学里，无论理科的工科的还是文理综合类大学里，倘薄弱了人文思想之教育，那也就几乎将大学的教育功能降低到了民间匠师的水准了。

而即或从前民间的匠师，也是既教技艺，又教做人的。“师傅领进门,修行在个人。”——不是好师傅的座右铭,而是好徒弟的座右铭。从前,父母将孩子引至师傅跟前,行过拜师之礼后(从前拜师之礼是大礼),往往说一句话是——“师傅,托负给您了!”正包含着父母对孩子将来成才的双重的希望——谋生的技能方面和立世的做人方面。而从前的师傅们,如果是一位好师傅的话,也总是尽量从两方面不负重托的。“认认真真演戏,清清白白做人。”“货真价实,童叟无欺。”“同行相冤,莫如相全。”这些都是从前的师傅们对徒弟们的训诲,具有着民间的极朴素的人文教育的意味。初级是很初级的,但毕竟是尽心思了。

现在的大学,一届一届一批一批地向社会输送着几乎纯粹的技能型人。而几乎纯粹的技能型人,活动于社会的行状将无疑是简单功利的。其人生也每因那简单功利而磕磕绊绊,或伤别人,或害自己。

但是在四十几门课程的压力之下,教师们又怎么能做得比从前的师傅们更好?学子们又怎么能在大学里也兼顾做人的自修?

我听说过这样一件事,是一位外国朋友告诉我的,发生在他的外资公司在中国公开招聘的现场:一名大学生填表格之际,错了揉,揉了又错,揉成的纸团便扔在地上;而另一名大学生接连替之捡起,没发现纸篓,便揣在自己兜里……

我的外国朋友将这一切看在眼里,他手指着两名大学生说:“你,不要填了,因为你没有必要再接受面试了;你,也不要填了,后天可以直接来面试。”

我还是不写出那名连填表资格都当场被取消了的大学生是哪一名牌大学的学子了吧。但那一名不必填表就被允许直接面视,并被录取了的学生,我的外国朋友告诉我他是——郑州的一所纺织机械学院的男生。

这件事其实和他们各自的学校毫无关系，却不能不说和他们各自做人方面的起码自修有关系。

这世界上的任何一所大学都无法连这一点也一并教着，那么大学就真的是高等幼稚园了。

大学里要不要减负，也主要是国家教委的事情。

其实我最想说的是要说给大学学子们的话：既然对中国大学的现状不满意，那么就自己为自己办一所大学吧，在自己的心灵里。学生，只是自己一个人；教师，是一切古今中外的学者，或作家，或诗人；教材，是一切自己喜欢的读物，或历史的，或文艺的，或传记的，或足以陶冶性情的甚或足以消遣的。这不用教委决定，这是自己完全做得了主的事；教育方针——自修以及自娱式的阅读，一种最容易向自己一个人推行的教育方针。

这肯定会使你们在大学里的时间更不够用。

那么我进一步的谏言是：除了几门直接关系到你们将来择业问题的硬主科，其他一概的课程，对付个及格就行了。某些被列为主科或必考的课程，我以为，无论是对于教着的教师还是学着的学子，都是不值得必争一搏二地对待的。

我对教文化选修课的老师们也斗胆谏言，那就是，千万思想明白了，目前，我和你们在大学里的使命，不妨理解为是一种减缓学子们课程多多的压力使他们得以换脑的一种方式。在这一纯粹为使他们轻松一时的前提之下，我们或多或少潜移默化地将人文的营养提供给学子们，完全由他们任意地选择性地接受。倘他们的评价是——“我并不反感”，我以为我们便有理由欣慰。

我为将来的中国学子们做这样的虔诚祈祷：有一天在中国有一所按

照新理念兴办起来的大学出现了,学子可以只按照愿望主攻一门主科和几门副科。主科当然定是他们为了迈出校门以后择业而学的,副科是他们为了第二职业而学的。教这些课程的老师,又一定会是使他们学得深学得透的老师。其余一概课程,全由他们凭兴趣选修,从社会学到心理学到文化艺术甚至到收藏到烹饪,好比最丰盛的自助餐。目的只有一个,那就是到他们毕业的时候他们能说:"大学不仅仅教给了我谋生之本,还使我成了一个可爱的人,幸运的人,是我一辈子最怀念的地方!"

做立体的中国人

(一)

二十几年前,倘有人问我——在中国,对文学以及与之紧密相关的姊妹艺术的恰如其分的鉴赏群体在哪里?我会毫不犹豫地回答:在大学。

十几年前我开始怀疑自己的这一结论。尽管那时我被邀到大学里去讲座,受欢迎的程度和二十几年前并无区别,然而我与学子们的对话内容却很是不同了——二十几年前学子们问我的是文学本身,进言之是作品本身的问题。我能感觉到他们对于作品本身的兴趣远大于对作者本身,而这是文学的幸运,也是中文教学的幸运;十几年前他们开始问我文坛的事情——比如文坛上的相互攻讦、辱骂,各种各样的官司,蜚短流长以及隐私和绯闻。广泛散布这些是某些媒体的拿手好戏，我与他们能就具体作品交流的话题已然很少。出版业和传媒帮衬着的，并往往有作者亲自加盟的炒作在大学里颇获成功。某些学子们读了的，往往便是那些，而我们都清楚，那些并不见得有什么特别之处。

现在，倘有人像我十几年前那么认为，虽然我不会与之争辩什么，但我却清楚地知道那不是真相。或反过来说，对文学以及与之紧密相关的姊妹艺术的恰如其分的鉴赏群体，它未必仍在大学里。

那么，它在哪儿呢？

对文学以及与之紧密相关的姊妹艺术的恰如其分的鉴赏群体，它当然依旧存在着。正如在世界任何国家一样，在 21 世纪初，它不在任何一个相对确定的地方。它自身也是没法呈现于任何人前的，它分散在千人万人中。它的数量已大大地缩小，如使它的分散变成聚拢，乃是一件不容易的事。它是确乎存在的，而且，也许更加的纯粹了。

他们可能是这样一些人——受过高等教育，同时，在社会这一个大熔炉里，受到过人生的冶炼。文化的起码素养加上对人生、对时代的准确悟性，使他们较能够恰如其分地对文学、电影、电视剧、话剧，乃至一首歌曲、一幅画或一幅摄影作品，得出确是自己的，非是人云亦云的；非是盲目从众的，又基本符合实际的结论。

当然，他们也可能由于这样那样的原因，根本没迈入过大学的门坎。那么，他们的鉴赏能力，则几乎便证明着人在文艺方面的自修能力和天赋能力了。

人在文艺方面的鉴赏能力，检验着人的综合能力。

卡特竞选美国总统获胜的当晚，卡特夫人随夫上台演讲。由于激动，她高跟鞋的后跟扭断了，扑倒在台上。斯时除了中国等少数几个国家(当年我们的电视机还未普及),全世界约十几亿人都在观看那一实况。

卡特夫人站起后,从容走至麦克风前说:"先生们,女士们,我是为你们的竞选热忱而倾倒的。"

能在那时说出那样一句话的女性,肯定是一位具有较高的文艺鉴赏能力的女性。

迄今为止,法国历史上唯一的一位海军女中将,是个文学硕士。对于法国海军和对于那一位女中将,文学鉴赏能力高也肯定非属偶然。

丘吉尔在"二战"中的历史作用是举世公认的,他后来获得了诺贝尔文学奖。细想想,这二者之间的关系是深刻的。

是的,我固执地认为,对文艺的鉴赏能力,不仅仅是兴趣有无的问题。这一点在每一个人的人生中所能说明的,肯定比"兴趣"二字大得多。它不仅决定人在自己的社会位置和领域做到了什么地步,而且,决定人是怎样做的。

(二)

前不久我所在大学的同学们举办了一次"歌唱比赛"——27 名学生唱了 27 首歌,只有一名才入学的女生唱了一首民歌,其他 26 名学生唱的皆是流行歌曲。而且,无一例外的是——我为你心口疼你为我伤心那一类。

我对流行歌曲其实早已抛弃偏见。我想指出的仅仅是——这一校园现象告诉了我们什么?

告诉我们——一代新人原来是在多么单一而又单薄的文化背景之

下成长的。他们从小学到中学，在那一文化背景之下“自然”成长，也许从来不觉得缺乏什么。他们以相当高的考分进入大学，似乎依然仅仅亲和于那一文化背景。但，他们身上真的并不缺乏什么吗？欲使他们明白缺失的究竟是什么，已然非是易事。甚而，也许会使我这样的人令他们嫌恶吧？

到目前为止，我的学生们对我是尊敬而又真诚的。他们正开始珍惜我和他们的关系。这是我的欣慰。

（三）

大学里汉字书写得好的学生竟那么的少。这一普遍现象令我愕异。

在我的选修生中，汉字书写得好的男生多于女生。

从农村出来的学生，反而汉字都书写得比较好。他们中有人写得一手秀丽的字。

这是耐人寻味的。

我的同事告诉我——他甚至极为郑重地要求他的研究生在电脑打印的毕业论文上，必须将亲笔签名写得像点儿样子。

我特别喜欢我班里的男生——他们能写出在我看来相当好的诗、散文、小品文等。

近十年来，我对大学的考察结果是——理科大学的学生对于文学的兴趣反而比较有真性情。因为他们跨出校门的择业方向是相对明确的，所以他们丰富自身的愿望也显得由衷；师范类大学的学生对文学的兴趣亦然，因为他们毕业后大多数是要做教师的。他们不用别人告诉自己也明白——将来往讲台上一站，知识储备究竟丰厚还是单薄，几堂课讲下来便在学生那儿见分晓了；对文学的兴趣特别勉强，甚而觉得成为中文系学子简直是沮丧之事的学生，反而恰恰在中文系学生中为数不少。

又，这么觉得的女生多于男生。

热爱文学的男生在中文系学生中仍大有人在。

但在女生中，往多了说，十之一二而已。是的，往多了说，十之八九，“身在曹营心在汉”，学的是中文，爱的是英文。倘大学里允许自由调系，我不知中文系面临的是怎样的一种局面。倘没有考试的硬性前提，我不知他们有人还进入不进入中文课堂。

(四)

中文系学子的择业选择应该说还是相当广泛的。但归纳起来，去向最多的四个途径依次是：留校任教，做政府机关公务员，做大公司老总文秘，或是做报刊编辑、记者及电台、电视台工作者。

留校任教仍是中文系学子心向往之的，但竞争越来越激烈，而且，起码要获硕士学位资格，硕士只是一种起码资格。在竞争中处于弱势，这是中文系学子们内心都清楚的。公务员人生，属于仕途之路。他们对于仕途之路上所需要的旷日持久的耐心和其他重要因素望而却步。做大公司老总的文秘，仍是某些中文系女生所青睐的职业。但老总们选择的并不仅仅是文才，所以她们中大多数也只有暗自徒唤奈何。能进入电台、电视台工作，她们当然求之不得，但这不是一般人容易进去的，她们对此点不无自知之明。那么，几乎只剩下了报刊编辑、记者这一种较为可能的选择了。而事实上，那也是最大量地吸纳中文毕业生的业界。

但，另一个不争的事实乃是，报刊编辑、记者早已不像十几年前一样，仍是足以使人欣然而就的职业。尤其“娱记”这一职业，早已不被大学学子们看好，也早已不被他们的家长们看好。岂止不看好而已，大实话是——已经有那么点儿令他们鄙视。这乃因为，“娱记”们将这一原本还不至于令人嫌恶的职业，在近十年间，自行地搞到了有那么点儿让人鄙视的地步。尽管，他们和她们中，有人其实是很敬业、很优秀的。但他们和她们要以自己的敬业和优秀改变“娱记”这一职业已然扭曲了的公众形象，又谈何容易。

这么一分析，中文学子们对择业的无所适从、彷徨和迷惘，真的是不无极现实之原因的……

（五）

“学中文有什么用?”

这乃是中文教学必须面对，也必须对学子们予以正面回答的问题。可以对“有什么用”做多种多样的回答，但不可以不回答。

我原以为这只不过是一个当代问题，后来一翻历史，不对了——早在20世纪20年代时清华学校文科班的“闻一多”们，便面临过这个问题的困扰，并被嘲笑为将来注定了悔之晚矣的人。可是若无当年的一批中文才俊，哪有后来丰富多彩的新文学及文化现象供我们今人津津受用呢?

中文对于中国的意义自不待言。

中文对于具体的每一个中国人的意义，却还没有谁很好地说一说。

学历并不等于文化的资质。没文化却几乎等于没思想的品位，情感的品位也不可能谈得上有多高。这类没思想品位也没情感品位的中国人我已见得太多，虽然他们却很可能有着较高的学历。所以我每每面对这样的局面暗自惊诧——一个有较高学历的人谈起事情来不得要领，以其昏昏，使人昏昏。他们的文化的全部资质，也就仅仅体现在说他们的专业，或时下很流行的黄色的“段子”方面了。

一个人自幼热爱文学，并准备将来从业于与文学相关的职业无怨无悔，自然也就不必向其解释“学中文有什么用”。但目前各大学中文系的学生，绝非都是这样的学子，甚而大多数不是……

(六)

那么他们怎么会成了中文学子呢？

因为——由于自己理科的成绩在竞争中处于劣势，而只能在高中分班时归入文科；由于在高考时自信不足，而明智地选择了中文，尽管此前的中文感性基础几近于白纸一张；由于高考的失利，被不情愿地调配到了中文系，这使他们感到屈辱。他们虽是文科考生，但原本报的志愿是英文系或对外经济什么的……那么，一个事实是——中文系的生源的中文潜质，是极其参差不齐的。对有的学生简直可以稍加点拨而任由自修，对有的学生却只能进行中学语文般的教学。

(七)

不讲文学，中文系还是个什么系？

（八）

中文系的教学，自身值得反省处多多。长期以来，忽视实际写作水平的提高，便是最值得反省的一点。若中文的学子读了四年中文，实际的写作水平提高很小，那么不能不承认，是中文教学的遗憾。不管他们将来的择业与写作有无关系，都是遗憾。

（九）

在全部的大学教育中，除了中文，还有哪一个科系的教学，能更直接地联系到人生？

中文系的教学，不应该仅仅是关于中文的“知识”的教学。中文教学理应是相对于人性的“鲜蜂王浆”。在对文学做有品位的赏析的同时，它还是相对于情感的教学，相对于心灵的教学，相对于人生理念范畴的教学。总而言之，既是一种能力的教学，也是一种关于人性质量的教学。

（十）

所以，中文系不仅是局限于一个系的教学。它实在是应该成为一切大学之一切科系的必修学业。

中文系当然没有必要被强调到一所大学的重点科系的程度，但中文系的教学，确乎直接关系到一所大学一批批培养的究竟是些“纸板人”还是“立体人”的事情。

我愿我们未来的中国，“纸板人”少一些，再少一些；“立体人”多一些，再多一些。我愿“纸板人”的特征不成为不良的基因传给他们的下一代；我愿“立体人”的特征在他们的下一代身上，有良好的基因体现。